Ismael Leandry-Vega

Los genios adoran la soledad y los necios la sociedad

Editorial Espacio Creativo
Charleston, SC

Publisher: Editorial Espacio, Creativo Charleston, SC

ISBN-13: 978-1499575231   ISBN-10: 1499575238

Derechos de propiedad: Ismael Leandry-Vega   Copyright: © 2014 Ismael Leandry Vega

Standard Copyright License   *Imagen de portada:* © *william87 - Fotolia.com*

Reservados todos los derechos. El contenido de esta obra está protegido por Ley, que establece penas de prisión y/o multas, además de las correspondientes indemnizaciones por daños y perjuicios, para quienes reprodujeren, plagiaren, distribuyeren o comunicaren públicamente, en todo o en parte, una obra literaria, artística fijada en cualquier tipo de soporte o comunicada a través de cualquier medio, sin la preceptiva autorización.

Datos para catalogación:

Ismael Leandry Vega

Los genios adoran la soledad y los necios la sociedad

Editorial Espacio Creativo. 2014. Charleston, SC.

1. Genios
2. Inteligencia
3. Introvertidos
4. Sociedad
5. Soledad
6. Solitarios
7. Vida social

«El genio se compone de un 2% de talento y un 98% de perseverante aplicación.»

Ludwig van Beethoven

Tabla de contenido

Agradecimiento..5
Dedicatoria..7
Referencias..97

Capítulo uno
La soledad

I. La soledad es parte de la vida................................9
II. Los necios rechazan la soledad...........................10
III. ¿Por qué el necio rechaza la soledad?.............14
IV. Miedo a la autocrítica...16
V. La masa es taruga y necia....................................21

Capítulo dos
Beneficios de la soledad atareada

I. Introducción...27
II. Conocer a la gente...30
III. Minimiza los peligros...32
IV. Acciones valiosas...34
V. Tiempo para oírte...41
VI. Mejora el análisis de la realidad.......................49

Capítulo tres
Distintos tipos de soledad

I. El afortunado y solitario creador..........................59
II. El solitario en su tiempo libre............................65
III. La depresiva soledad del necio........................70
IV. En aumento la soledad.....................................73

Capítulo cuatro
La maestra Corín Tellado

I. Infatigable y ejemplar creadora............................77
II. Disciplinada y solitaria...80
III. Menos amor y más soledad...............................84
IV. Más soledad y menos sociedad.........................85
V. Conclusión...87

Capítulo cinco
Frases y pensamientos

I. Frases y pensamientos del autor..........................91

Agradecimiento

Al maestro **Ludwig van Beethoven**. Por enseñarnos que los genios son infatigables trabajadores y, además, por enseñarnos que los problemas personales, al igual que los impedimentos físicos, no son válidas excusas para no gozar de una vida intelectualmente productiva.

Dedicatoria

A todos los científicos e investigadores que, mientras la masa derrocha la vida en chabacanerías, tonterías y fruslerías, se apartan de la sociedad y, en soledad, realizan inventos y descubrimientos que mejoran y aumentan el conocimiento de todo lo que nos rodea.

Capítulo uno
La soledad

I. La soledad es parte de la vida

Un buen filósofo, al igual que todo profundo pensador, tiene la obligación de identificar «estupideces rimbombantes» a fin de destruirlas.[i] Además, tiene la obligación de plasmar tales destrucciones en papel para que otras personas puedan informarse y tener una mejor comprensión sobre lo dicho.

Pues bien, a pesar de que no soy filósofo entiendo que es preciso destruir esa *rimbombante estupidez* que dice, absurdamente, que la soledad es mala. Creer que la soledad es mala es, por decir lo menos, una rimbombante estupidez que se aleja de la realidad del ser humano.

Es decir, es querer negar el incontrovertible hecho de que la soledad, usualmente odiada por *fanáticos del espectáculo,* «es nuestro estado natural.» Digo eso ya que, «desde el momento en que salimos del vientre materno estamos solos.»[ii] Y no se puede olvidar, además, que la muerte se encarga de cada ser humano de manera individual.

Como puede ver, la soledad es parte indispensable de la vida de todo ser humano, hasta el punto de que «la soledad finaliza con la muerte [...].»[iii] Ahora bien, para sentir la soledad es necesario tener una buena salud mental. Por eso es que los locos, los que no tienen noción sobre tiempo y espacio, no pueden sentir la soledad ni mucho menos sacarle provecho.

Eso me lleva a decir que la soledad se subdivide en dos. Está, como dije, la soledad natural del ser humano que vive dentro de un *expansivo y peligroso cosmos* al que le es indiferente la vida humana. Y está la soledad que, a lo largo de los años, es sentida por cada ser humano que tiene todos sus sentidos en buen estado y que vive dentro del mismo universo.

II. Los necios rechazan la soledad

Dije líneas arriba que todos los seres humanos, aunque sean milmillonarios, «vienen a este mundo solos y solos lo abandonan.»[iv] Pues bien, ahora tengo que decir que los seres humanos masificados, cuando hablamos sobre el hecho de sentir la soledad, han sido embrutecidos para creer que deben evitar sentir la soledad. De hecho, dicho embrutecimiento es tan poderoso que la mayoría de la raza humana cree –infundadamente– que la soledad es un negativo asunto que llena el diario vivir con angustias, tristeza y «malhumor.»[v]

Es por eso que dentro de este valle de lamentos, en especial en el segundo y primer mundo, abundan los necios que, estúpidamente, piensan que por medio de la vida de sociedad *(que está llena de consumismo, centros comerciales, cines, restaurantes, eventos deportivos y materialismo),* al igual que por medio de la vida familiar, pueden evitar la supuesta tristeza, ansiedad y angustia que brinda la soledad.

Debe haber notado que líneas arriba dije que la tristeza, ansiedad y angustia que, supuestamente, brinda la soledad no son más que unas rimbombantes estupideces que son creídas y pregonadas por fuleros y tarugos.

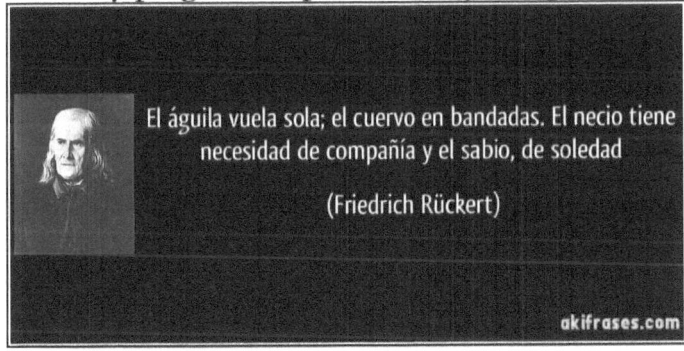

Pues bien, debe saber que sostengo eso ya que «la soledad y la capacidad de concentración son dos componentes indispensables para que *la habilidad creativa se transforme en innovación.*»[vi] También sostengo lo anterior ya que la soledad siempre ha sido adorada y recomendada por seres brillantes y excepcionales.

De hecho, si usted realiza un análisis histórico verá que los genios, en su inmensa mayoría, han sido seres solitarios.[vii] También verá que *la inmensa mayoría de los excepcionales creadores,* a pesar de derrochar algunas horas en sociedad, adoraban estar en soledad. Por eso se puede decir que «los creadores más destacados», tanto los del pasado como los del presente, «son siempre aquellos que más han trabajado en su especialidad y han dedicado su vida a ella.»[viii]

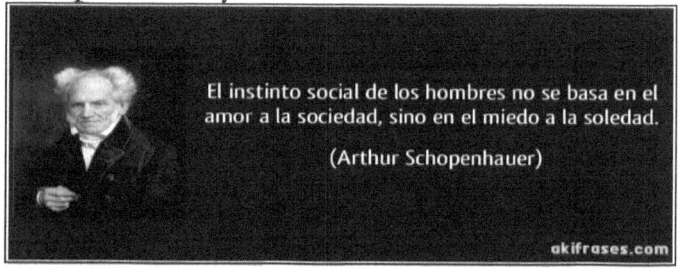

Un buen ejemplo sobre lo que he mencionado está relacionado con el *Dr. Albert Einstein.* Digo eso ya que el doctor Einstein, a quien no le gustaban los coches «ni la televisión», «amaba la soledad.»[ix] Otro ejemplo sobre lo dicho está relacionado con el doctor *Arthur Schopenhauer.* Digo eso ya que el doctor Schopenhauer, que utilizaba la soledad para pensar y escribir sus obras filosóficas, siempre defendió «el retiro y el cultivo del pensamiento como la actividad más fructífera para una vida feliz, ya que así el hombre se asegura una continua fuente de alegrías.»[x]

También cabe recordar al maestro *Thomas Alva Edison*. Digo eso ya que Edison, además de adorar la soledad, adoraba el silencio. De hecho, Edison adoraba tanto el silencio que llegó a decir que «el silencio le permitía pensar más profundamente y desarrollar así sus ideas.»[xi]

Como ha podido ver, los ejemplos brindados son del pasado. Si nos movemos al presente también veremos que el genio, salvo raras y dichosas excepciones, sigue siendo una persona que adora (y necesita) la soledad, el silencio y la concentración.

Un buen ejemplo para demostrar que lo dicho es cierto lo brinda un *«solitario», inteligente e «introvertido» genio* de las matemáticas llamado Grigori Perelman. Digo eso ya que el doctor Grigori Perelman, «quien se rehusó a recibir en 2006 la prestigiosa medalla Fields», se sumergió en el silencio y en la soledad para, mientras los tarugos derrochaban su vida en la vida social o vida de sociedad, resolver uno de los problemas matemáticos más difíciles.[xii]

Cabe mencionar que el solitario, valioso y admirable Grigori Perelman logró resolver, para asombro de las personas que tienen un elevado coeficiente intelectual, la Conjetura de Poincaré. Cabe mencionar, además, que gracias al trabajo del doctor Perelman los científicos podrán, entre otros beneficios, «comprender la forma del universo y catalogar todas las formas tridimensionales del universo.»[xiii]

Por último, no está de más reforzar con datos científicos la tesis que dice que los seres brillantes, salvo raras y dichosas excepciones, son solitarios. El primer refuerzo lo brinda un relevante estudio realizado por investigadores de la *Universidad de Cornell y de la Universidad Johns Hopkins* (ambas en EUA). Digo eso ya dicho estudio demostró, para felicidad de los introvertidos, que las personas más inteligentes «tienen una tendencia mayor a ser solitarios.»[xiv]

El segundo refuerzo está relacionado con un estudio que fue realizado por psicólogos de la Universidad Estatal de San José y de la Universidad Graduada de Claremont (ambas en EUA). Digo eso ya que dicho estudio demostró que, por lo regular, las personas más creativas suelen ser introvertidas y solitarias.[xv]

III. ¿Por qué el necio rechaza la soledad?

La inmensa mayoría de los seres humanos, desde sus primeros años de vida, son severamente embrutecidos. Como parte de ese embrutecimiento, los seres humanos son amaestrados para que deseen ser como la estólida masa. Es por eso que en todos los países, salvo las raras y dichosas excepciones, uno puede ver que todo el mundo es como todo el mundo.

El gran problema con ello es que, en todos los países reina la necedad. Y como reina la necedad, uno puede ver que los habitantes de cada país hacen innumerables gestiones para que los nuevos seres humanos (los que recién se desprendan del seno materno) reciban, desde los primeros años de vida, grandes dosis de necedad.

Debo reconocer, con gran tristeza, que en todos los países se ha tenido gran éxito a la hora de sembrar necedades en el cerebro de la gente. Por eso es que, si analiza el asunto con profundidad podrá notar que vivimos dentro de un insignificante planeta en donde *«lo falso, lo malo y lo absurdo» son «universalmente admirados.»*[xxi]

Es pertinente señalar que, el deseo de participar asiduamente de la vida social es parte de esa amplia gama de necedades que han terminado siendo universalmente admiradas. Y el gran problema con el asunto de la vida de sociedad, en especial en países en donde se juega a la democracia, es que está llena de materialismo, *«chatarra-diversión»*, consumismo y hedonismo. Trayendo como consecuencia que, mayoritariamente, se rechace la vida intelectual y la soledad.

Por eso es que la figura del solitario intelectual, además de estar en peligro de extinción, no es admirada por muchas personas. Y por eso es que la inmensa mayoría de los seres humanos, incluyendo la mayoría de los que tienen dinero y educación, no tienen ninguna posibilidad de convertirse en genios creadores.

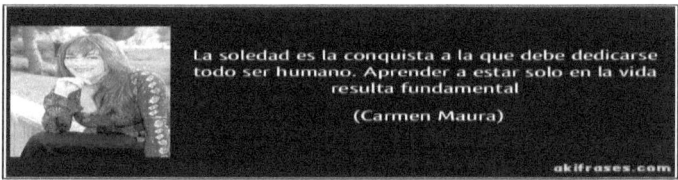

Recuerde que «el genio se compone de un 2% de talento y un 98% de perseverante aplicación.»[xvii] Y dicha perseverante aplicación, obviamente, requiere grandes dosis de increíble soledad y trabajo que el común de la gente no está dispuesta a imponerse.

IV. Miedo a la autocrítica

Dicho eso, tengo que decir que si uno sigue profundizando podrá encontrar que algunas personas critican y rechazan la soledad ya que le tienen miedo a las verdades que suele revelar la soledad. Ahora bien, debo aclarar que el miedo de esas personas está relacionado con esa incesante autocrítica que habita dentro del cerebro humano. Voy a examinar esto un poco más de cerca.

Los dedicados al pensamiento y al estudio saben, entre otras verdades, que la soledad suele convertirse en una *feroz reprochadora*. También saben, las mismas personas, que por medio de soledad, silencio, reflexión y lectura se pueden adquirir conocimientos y autoconocimiento.[xviii]

Pues bien, algunas personas (muchas de ellas entradas en edad y muchas otras con estudios universitarios avanzados) no quieren estar en soledad ya que su soledad se convierte en una poderosa voz interior que, entre otras verdades: (1) les reprocha todo el tiempo que desperdiciaron en necedades; (2) les reprocha un sinnúmero de acciones pasadas; (3) les hace recordar situaciones desagradables; y/o (4) les recuerda que pronto morirán.

Por eso es que, por ejemplo, en muchos países abundan los ancianos y retirados que, por tener mentes débiles y por no saber aprovechar su soledad, no pueden soportar las autocríticas de la soledad y, como consecuencia de ello, andan por ahí entristecidos, depresivos y en busca de compañía.

Dicho eso, es necesario mencionar que la mayoría de las personas que le temen a la soledad por razón de los pensamientos llenos de reproches y críticas nunca han tenido una cabal comprensión de la soledad.

Esas personas, algunas de ellas con estudios universitarios, nunca fueron advertidas de que la soledad, que es aprovechada por *brillantes personas,* suele concentrar «la sensación del ser» y que, como consecuencia de ello, la voz interior se hace oír y llena el cerebro con todo tipo de pensamientos.[xix] Tampoco fueron ilustradas, las mencionadas personas, para saber y comprender que se le puede sacar gran provecho a los múltiples pensamientos –aunque sean reproches y autocríticas– que suelen aflorar durante la soledad.

> 'Los recuerdos no pueblan nuestra soledad, como suele decirse; antes al contrario, la hacen más profunda.'
>
> *Gustave Flaubert*

Así, por ejemplo, dichas personas, por desperdiciar su vida en asuntos típicos de los seres masificados, no han notado que cientos de miles de personas aprovecharon las críticas y los reproches que afloraron durante su soledad, al igual que sus incontables horas libres, para escribir libros sobre tales experiencias.

Todo indica que las mencionadas personas no han notado que en la historia abundan las personas que fueron asesinos, mafiosos, presidiarios, ladrones y políticos corruptos que, aprovechando la soledad y sus angustiosos recuerdos, escribieron libros en donde nos cuentan sobre sus *duras experiencias*.

Aleksandr Isáyevich Solzhenitsyn, premio Nobel de Literatura, es un buen ejemplo sobre lo mencionado. Digo eso ya que Aleksandr, luego de cumplir una injusta condena de diez años de cárcel por haber criticado a Joseph Stalin, utilizó su soledad para, a pesar de estar «asediado por los recuerdos angustiosos», escribir varias joyas literarias.[xx]

Me resta decir, llegado a este punto en la discusión, que toda persona tiene que entender, y entre más temprano mejor, que aprender a manejar la fabulosa y necesaria soledad «no depende de algo externo.» Ello, porque el adecuado manejo de la maravillosa soledad depende de lo que se haga *con los «pensamientos.»*[xxi]

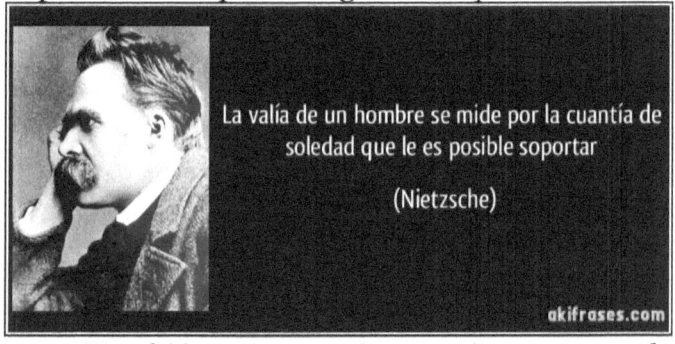

También es necesario mencionar, antes de cerrar esta sección, que toda persona madura que adore, aproveche y domine la soledad se hace, cada día, *más fuerte y más sabia*. Recuerde que, dentro de la filosofía, se ha demostrado que el ser humano «más fuerte del mundo es el que está más solo.»[xxii]

¿Sabe por qué eso es así? Porque el solitario, en especial el que utiliza su tiempo libre para realizar acciones que nutran su intelecto: (1) ha aprendido a beneficiarse de la sociedad sin tener que acercarse demasiado a ella; (2) ha logrado obtener un vasto conocimiento sobre sí mismo; (3) ha aprendido que su mejor amigo es su cerebro; y (4) ha aprendido que la mayoría de los seres humanos no son más que unos tarugos que poco aportan al aumento o mejoramiento del entendimiento de la realidad.

V. La masa es taruga y necia

Los humanos que adoran la lectura profunda, que cada vez son menos, saben que la utilización de la soledad para leer obras maestras brinda gran placer. También saben, las mismas personas, que las obras maestras deben ser releídas en soledad ya que su relectura brinda gran «placer.»[xxiii]

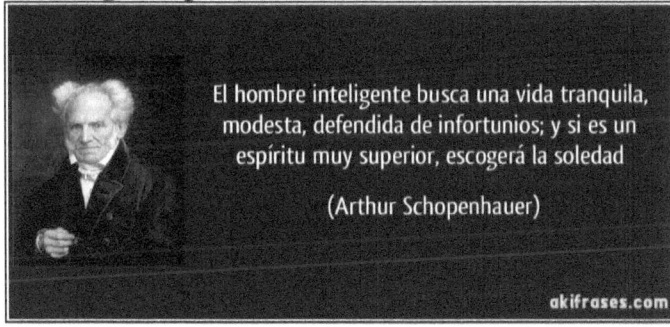

Tampoco se puede pasar por alto que los seres humanos que adoran la lectura profunda, al igual que los pocos genios que hay en este valle de hediondeces, saben que *la soledad y el silencio* son herramientas necesarias para adquirir conocimientos y, sobre todo, para estimular la creatividad.

Lo dicho me ha hecho recordar que los maestros de las artes plásticas, al igual que los grandes maestros de la literatura, suelen ser unos excepcionales seres que, por experiencia propia, saben que la soledad y el silencio pueden: (1) brindarle libertad al «yo creativo»; y (2) expandir «la conciencia.»[xxiv]

Por eso es que abundan los filósofos, artistas plásticos y maestros de literatura que, en libros, ensayos o entrevistas que brindan al salir de sus subjetivas, necesarias y productivas soledades: (1) hablan sobre las maravillas de la soledad atareada; (2) recomiendan la soledad atareada; y (3) mencionan que se sienten tristes y «solos» cuando están en sociedad.[xxv]

Dicho eso, debo indicar que en este insignificante planeta hay muchísimos tarugos que rechazan y critican la soledad ya que no tienen la capacidad intelectual: (1) para ver los enormes beneficios que brinda la soledad; (2) para utilizar la soledad para estudiar, crear y/o meditar; ni (3) para comprender que «la soledad (...) es esencial al hombre.»[xxvi]

En fin, si uno analiza fríamente a la raza humana podrá notar que la inmensa mayoría está compuesta por tarugos y fuleros que, además de existir para meramente follar y cagar, no pueden ni quieren (continuamente) pensar con profundidad sobre asuntos de gran interés intelectual.

Por eso no es irrazonable decir que, en estos tiempos de gran masificación, el pensamiento profundo se ha convertido en una pesada «carga» para la mayoría de los seres humanos.[xxvii]

Ahora bien, debo señalar que lo antes escrito no causa gran sorpresa si se analiza con seriedad y profundidad. Recuerde que, desde hace largo tiempo atrás, ha habido una poderosa e imparable masificación de la idiotez y de la necedad.

Por eso es que, debido a esa masificación de la necedad y de la estupidez: (1) el deseo de tener una soledad atareada se ha convertido en un asunto indeseable e incomprensible; (2) «son muy pocos» los que piensan que estando solos «se encuentran en buena compañía»;[xxviii] y (3) «el afán de sociedad, distracciones, placeres y lujos de todas clases» se han convertido en asuntos prioritarios para *la mayoría de los seres humanos*.[xxix]

Tampoco se puede pasar por alto que, para perjuicio de la filosofía, ha aumentado marcadamente el *conocimiento técnico y especializado*. De hecho, ahora es común que las personas asistan a las instituciones de educación superior a fin de adquirir muchísimos conocimientos sobre un asunto en particular (las escuelas de derecho, mecánica automotriz e ingeniería son buenos ejemplos) a costa de idiotizarse en otras áreas del conocimiento humano.

Por eso uno puede ver que abundan los seres humanos educados que, a pesar de tener enormes conocimientos especializados: (1) se alarman al ver análisis profundos y serios que critican todo lo que está relacionado con el *estado del momento actual;* y (2) no pueden críticamente pensar con profundidad sobre asuntos relacionados con el *estado del momento actual.* Y por eso uno puede ver que en los Estados Unidos de América, en donde la medicina se ha convertido en un gran negocio, abundan los médicos que, a pesar de tener vastos conocimientos relacionados con la salud, son tarugos en áreas que están relacionadas con la sociología y la filosofía.

Un buen ejemplo sobre lo dicho son todos esos galenos que, a pesar de ser *excepcionales y ejemplares* dentro de sus campos de especialización, han sucumbido al materialismo y al hedonismo. Médicos como esos, por medio de sus acciones, demuestran que tienen escasos conocimientos sobre asuntos filosóficos.

Ahora bien, tengo que aclarar que la persona especializada *(médico, ingeniero, mecánico, abogado, entre otros)* que, además de rechazar el materialismo y el hedonismo, aprovecha su tiempo libre para, en soledad, estudiar, meditar y/o escribir sobre temas relacionados con su especialidad es una persona ejemplar. Puesto que, además de tener *hambre de conocimientos,* ha rechazado la vida vulgar y ha adoptado, quizá sin percatarse de ello, una de las enseñanzas más importantes de la filosofía.

Cabe mencionar que dicha enseñanza filosófica establece que, para tener una rica y buena vida «hay que huir del consumismo, de la búsqueda de bienes innecesarios [y] de la búsqueda de lo superfluo.»[xxx]

Por último, tengo que decir que es probable que usted haya notado que escribí líneas arriba que la soledad suele ser buena para la creatividad. Pues bien, no está de más recordar que la ciencia ha confirmado lo indicado.

Clara prueba está en un análisis realizado por la *Asociación Colombiana de Sociedades Científicas*. Según dicho análisis, dado a conocer en 2014, «los momentos de soledad pueden impulsar la creatividad de mucha gente.»[xxxi]

Capítulo dos
Beneficios de la soledad atareada

I. Introducción

Es triste tener que reconocer que el ser humano, para perjuicio de su individualidad, ha sido masificado. Por eso uno puede ver que *el ser humano masificado,* que adora el espectáculo y el materialismo, «siente, decide, obra, piensa y expresa como todo el mundo.»[xxxii]

También es triste tener que reconocer que hoy en día, gracias a la necedad del ser humano masificado, las mercancías «han pasado a ser los verdaderos dueños de la vida, los amos a los que los seres humanos sirven para asegurar la producción que enriquece a los propietarios de *las máquinas y las industrias* que fabrican aquellas mercancías.»[xxxiii]

Como puede ver, participar continuamente de la vida social no es muy buena idea. Dentro de *la venenosa y aburrida vida social* difícilmente se podrá encontrar sabiduría, sosiego y tiempo de calidad. La vida social está llena de hipocresía, hedonismo, cinismo, apariencias, engaños y corrupción. Inclusive, la vida social es tan dañina que ha destrozado la realidad.

Ahora, gracias a la embrutecedora vida social «la realidad real ya no existe, [puesto que] ha sido reemplazada por la realidad virtual, la creada por las imágenes de la publicidad y los grandes medios audiovisuales.»[xxxiv]

Por eso es mejor pasar el tiempo libre leyendo (en soledad) libros de filosofía que, como hace la mayoría, compartiendo con la gente en la vida de sociedad. Por los menos, la lectura de libros filosóficos nos permite aprender a adquirir herramientas intelectuales para liberarnos «de todas esas ataduras» que no nos dejan «progresar desde el punto de vista reflexivo, intelectual y moral.»[xxxv] Además, por medio de la filosofía podemos aprender a reflexionar con profundidad «sobre los males que nos aquejan.»[xxxvi]

También es bueno utilizar la soledad para, si no se desea leer *material filosófico,* diariamente leer materiales que estén relacionados con las ciencias sociales. Digo eso ya que «las ciencias sociales son el intento sistemático de descubrir y explicar los patrones de comportamiento de personas y grupos de personas.»[xxxvii] Y la lectura de materiales relacionados con dichas ciencias, en especial si se acompañan con reflexiones y análisis, ayuda a entender de una mejor manera la realidad.

Es necesario mencionar, volviendo al asunto de la filosofía, que la filosofía enseña que una atareada y educativa soledad es una adecuada herramienta para liberarnos de todas esas ataduras que *idiotizan nuestro pensamiento*. Ello, porque la soledad de calidad nos brinda conocimientos sobre nosotros mismos y los demás.[xxxviii] Cabe recordar que la soledad atareada y educativa es tan buena que, siempre ha sido reconocida como «la escuela del genio.»[xxxix]

Ahora, después de haber escrito lo anterior, voy a mencionar y discutir algunos de los beneficios que brinda una soledad atareada y educativa.

II. Conocer a la gente

Los que adoran el estudio de asuntos filosóficos saben, entre otras verdades, que es en «la soledad donde se muestra lo que cada uno lleva en su interior.»[xl] Por eso es que las acciones que realiza el ser humano cuando está solo durante su tiempo libre son, y por mucho, adecuadas para tener un buen panorama (aunque no exacto) sobre su personalidad.

Recuerde que todo ser humano utiliza una máscara social para interactuar en sociedad. Es decir, el ser humano que uno ve en la calle se comporta de una forma en sociedad y de otra forma en soledad.

Tampoco se puede pasar por alto que la mencionada máscara social del ser humano, que está decorada con cinismo, mentira e hipocresía, es cambiante. Es decir, el ser humano se comporta de una manera cuando está con sus compañeros de trabajo y de otra manera cuando está con sus amigos.

En fin, si usted analiza esto con más profundidad podrá notar que todo ser humano, cuando está en sociedad, utiliza múltiples máscaras sociales durante distintos tipos de interacciones. Por eso, repito, es analizando lo que haga en soledad lo que revela, en parte, la verdadera cara de un ser humano.

Y ahí, precisamente, está uno de los beneficios de la soledad. Si protegemos nuestra soledad y la utilizamos para leer y reflexionar, podremos utilizar parte de ella para analizar, profundamente, lo que hace la gente que nos rodea durante su tiempo libre. De esa manera, podremos conocer a tales personas de una mejor manera.

"La soledad es el patrimonio de todas las almas extraordinarias"

Arthur Schopenhauer.

Así, por ejemplo, si estando en soledad leemos (material intelectualmente enriquecedor) y meditamos sobre todo lo que nos rodea podremos comprender que no podemos esperar mucho –intelectualmente hablando– de todos esos *compañeros de trabajo* que, neciamente, utilizan la mayor parte de su tiempo libre para destruirse y embrutecerse por medio de una destructiva y populachera vida de sociedad. Te digo eso ya que la filosofía ha demostrado que, casi siempre, *mientras más bajo, pobre y simple* (intelectualmente hablando) sea un ser humano «más social será.»[xli]

Además, si somos solitarios y meditativos durante nuestro tiempo libre y utilizamos dicho valioso tiempo para estar en soledad y realizar acciones valiosas, como escribir libros y ensayos, la gente que nos rodea podría tener una mejor opinión sobre nosotros, en especial si nuestra apariencia y comportamiento social no están acordes con los deseados por la masa vulgar.

III. Minimiza los peligros

La soledad, especialmente cuando es deseada y protegida a fin de crear y/o adquirir conocimientos, se convierte en «una gran fuerza que preserva de muchos peligros.»[xlii] Eso es así ya que la vida social, que está llena de *drogas peligrosas y enfermedades sexuales,* se ha convertido en un asunto muy peligroso. De hecho, a lo largo de la historia millones de personas masificadas han muerto por haber participado activamente de la vida de sociedad.

Así, por ejemplo, desde la invención del vehículo de motor cientos de miles de personas han muerto como consecuencia directa de, luego de una larga noche de vida social, conducir bajo los efectos de bebidas embriagantes. A eso se suma que, a lo largo de la historia, millones de necios han muerto como consecuencia de auspiciar esa peligrosa y destructiva conducta social que exhorta a sostener *relaciones sexuales de formas irresponsables.*

Dicho eso, resta decir que todo ser humano «debe ser capaz de dominarse a sí mismo y *poner freno a sus pasiones...*».[xliii] Pues bien, es incuestionable que el solitario que utiliza su tiempo libre para educarse y reflexionar sobre la realidad tiene, por encima del necio que adora malgastar su tiempo en vida social, significativas posibilidades de tener un adecuado autocontrol y un mejor dominio sobre sus pasiones.

Por eso uno puede ver que, por lo regular, los idiotas que pierden los estribos y se pasan peleando en bares, discotecas, calles, coliseos y eventos multitudinarios son los masificados tarugos que, a pesar de no haber realizado nada significativo en favor del conocimiento o las letras, rechazan, critican y se burlan de la vida solitaria y meditativa.

En fin, cuando una persona utiliza constantemente la soledad para (en su tiempo libre) enriquecer su mente se puede notar que dicha persona se torna en un ser sosegado, maduro e inteligente que: (1) hace todo lo posible para evitar los infortunios; (2) hace todo lo posible para controlar a la destructiva bestia que habita dentro de su cerebro; y (3) sabe que *no hay «compañera más sociable que la soledad.»*[xliv]

IV. Acciones valiosas

Vivimos dentro de unos tiempos en donde las personas desean perder su corto tiempo de vida en actividades relacionadas con la chatarra y embrutecedora vida social. Por eso uno puede ver que, por ejemplo, las personas desean pasar su corto tiempo libre en centros comerciales, conciertos, tiendas, bares y *centros de entretenimiento*. Ahora son pocas las personas que, como consecuencia de lo dicho, desean utilizar su corto tiempo libre para meditar, estudiar, escribir y pensar con profundidad.

La gran consecuencia de ello es que, la raza humana se está embruteciendo a pasos agigantados. Y ese embrutecimiento es tan sorprendente que, entre otras tonterías sociales, las personas se pasan convirtiendo a personas *intelectualmente insignificantes:* (1) en millonarias; (2) en consejeras; (3) en portaestandartes de la necia opinión pública; y (4) en modelos a seguir.

Por eso uno puede ver que las vedettes, las cantantes de música popular, las reinas de belleza, «las estrellas de la televisión y los grandes futbolistas ejercen la influencia que antes tenían los profesores, los pensadores...».[xlv]

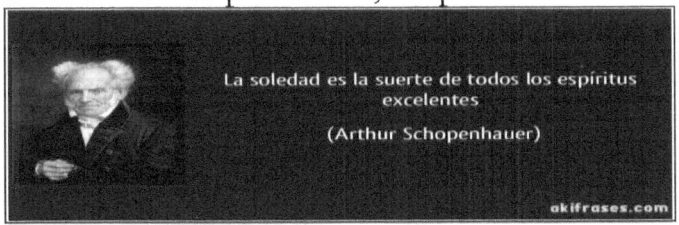

Como puede ver, la vida social no es más que una poderosa arma de embrutecimiento masivo. También puede ver que es necesario alejarse de la vida social: (1) para mejorar la calidad del pensamiento; (2) para aprovechar el corto tiempo libre que da la vida; y (3) para entender que *no existen fronteras* que detengan la ambición de ampliar los conocimientos.»[xlvi]

Debo aclarar que el alejamiento de la vida social, dentro de estos tiempos computarizados, incluye el alejarse significativamente de las redes sociales, electrónicas y populacheras. Digo eso ya que las redes sociales electrónicas, vulgares y populacheras, como Facebook, no son más que extensiones de la destructiva vida social. De hecho, si usted entra a Facebook podrá notar que la inmensa mayoría de su contenido no es más que chatarra, estupidez, necedad y bajeza intelectual.

Ahora bien, debo aclarar que no todas las redes electrónicas son vulgares. La red de Internet está llena de foros electrónicos de discusión, al igual que de bitácoras electrónicas, en donde se discuten, comentan y debaten temas intelectualmente interesantes.

Así, por ejemplo, un sinnúmero de profesores y estudiantes de la Universidad de Harvard han creado bitácoras electrónicas (muchas de ellas pueden ser vistas *por la población en general*) en donde, constantemente, se comentan y debaten asuntos intelectualmente enriquecedores.

Con ese trasfondo en mente, tengo la obligación de decir que *los seres intelectualmente superiores* saben que «la soledad es buena para (...) sacarle provecho.»[xlvii] Por eso hay mentes superiores que, luego de cumplir con sus jornadas laborales, desean estar en soledad para escribir libros, ensayos y/o notas *(intelectualmente enriquecedoras)* en sus bitácoras electrónicas.

Un buen ejemplo sobre eso está relacionado con el Dr. Franz Kafka. Digo eso ya que el doctor Kafka, autor de una joya literaria llamada «El proceso», por más de doce años trabajó «en varias compañías de seguro.»[xlviii] Sin embargo, utilizaba su tiempo libre para estar *en soledad* y, como beneficio de ello, escribir obras literarias.

También se sabe que Kafka, que nació en Checoslovaquia, utilizaba gran parte de su tiempo libre para leer obras de calidad. De hecho, se sabe que Kafka adoraba la soledad para poder leer con detenimiento las obras de Thomas Mann, Sigmund Freud, Blaise Pascal, *Sören Kierkegaard*, entre otros notables autores.

También hay personas que, sabiendo sobre los innumerables beneficios de la soledad, luego de sus jornadas laborales se desconectan del mundo para realizar obras de arte. Y no se puede olvidar que hay mentes superiores que, luego de cumplir con sus jornadas laborales, desean estar en soledad para enriquecer la mente por medio de estudios, lecturas y ejercicios intelectualmente complicados.

Un buen ejemplo sobre lo dicho está relacionado con un genio que, además de tener un elevadísimo coeficiente intelectual, se llama Christopher Langan. Digo eso ya que Langan, luego de culminar sus jornadas de trabajo como gorila de una taberna, utilizaba la soledad de su tiempo libre para leer, escribir, reflexionar, *resolver ejercicios matemáticos* y, sorprendentemente, para crear unas difíciles «ecuaciones sobre su particular modelo *cognitivo-teórico* del universo.»[xlix]

Otro ejemplo sobre lo que he mencionado está relacionado con un genio llamado Isaac Newton. Digo eso ya que *Isaac*

Newton, luego de impartir sus poco concurridas clases en la Universidad de Cambridge (Reino Unido), se sumergía en la soledad para leer, meditar, escribir y realizar experimentos. Cabe mencionar que Isaac Newton adoraba tanto la soledad que, «pensaba que todo pasatiempo era tiempo perdido para sus estudios.»

Ahora es importante destacar, habiendo dicho lo anterior, que hay sabias personas que han notado que, para su beneficio, recluyéndose y alejándose de la sociedad pueden sacarle el máximo provecho a la soledad. Por lo regular, personas como ésas tienen la dicha de tener todos los días *(o por lo menos la inmensa mayoría)* para estar con ellas mismas y, sobre todo, para reflexionar, estudiar, leer y crear obras.

El mejor ejemplo sobre el mencionado tipo de personas es, indudablemente, J. D. Salinger. Digo eso ya que Salinger, autor de una joya literaria llamada «El guardián entre el centeno», después de saborear la fama y el éxito tomó la decisión de apartarse de la necia vida social. De hecho, se sabe que el maestro Salinger «se mudó de Nueva York a New Hampshire para alejarse del mundo exterior y proteger así su vida privada.»

Ahora bien, cabe señalar que la «reclusión voluntaria» del maestro J.D. Salinger fue altamente productiva. Digo eso ya que J.D.

Salinger, por lo regular, pasaba el día leyendo, reflexionando y, sobre todo, escribiendo. De hecho, se sabe que Salinger escribió varias novelas «que nunca publicó.»[lii]

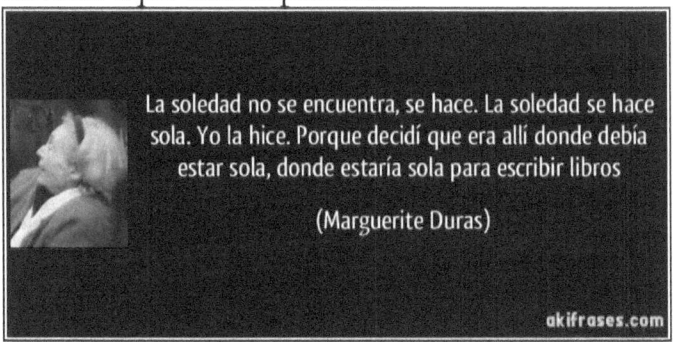

La soledad no se encuentra, se hace. La soledad se hace sola. Yo la hice. Porque decidí que era allí donde debía estar sola, donde estaría sola para escribir libros

(Marguerite Duras)

Cabe mencionar que, la «reclusión voluntaria» del maestro J. D. Salinger también incluía ratos de diversión y esparcimiento. Así, por ejemplo, se sabe que Salinger: (1) caminaba por el campo; (2) se divertía viendo películas en la comodidad de su hogar; y (3) compartía con un cerrado y exclusivo grupo de amigos.

Por último, debo recordarle que todo ser humano tiene la capacidad de aprovechar la soledad para realizar acciones intelectualmente significantes. No es necesario tener un elevado coeficiente intelectual para sacarle jugo productivo a la soledad. Recuerde que «nuestros cerebros se adaptan de acuerdo a lo que les exigimos.»[liii] Y si usted constantemente le exige *estudio, concentración y aprendizaje* a su cerebro, él se encargará de reaccionar de acuerdo a eso.

Lo que no debemos hacer, en aras de sacarle el jugo a la soledad atareada, es permitir que nuestros cerebros *se emboten o se envenenen* con acciones, actitudes y pensamientos típicos del ser humano masificado y populacheramente embrutecido. Por eso es que, por ejemplo, debemos evitar ver televisión chatarra. Ello, porque la televisión chatarra (programaciones sin o con poco valor educativo) deteriora nuestra memoria y aprendizaje.[liv]

Además, acaso más grave, la televisión chatarra (al igual que el cine y la Internet chatarra) tiene un enorme potencial de embrutecer nuestro pensamiento, en especial el que está relacionado con las ideas, percepciones e interpretaciones de la realidad.

Por eso es que ahora, debido a que la gente desea ver televisión, cine e Internet chatarra: (1) la verdad ha sido sustituida «por lo artificial y lo falso;»[lv] y (2) la gente no puede entender que, a pesar de que es bueno tener sueños, siempre es necesario estar apegados a la realidad ya que «*la realidad del mundo* es nuestra patria común.»[lvi]

En fin, si queremos realizar (o por lo menos intentar realizar) actos intelectualmente valiosos debemos aprender a utilizar la soledad y repetirnos todos los días que la soledad, históricamente, ha sido «la suerte de todos los espíritus excelentes.»[lvii] También debemos «alimentar» nuestros cerebros, sin detenernos *«en ningún momento»*, con actos e informaciones intelectualmente enriquecedoras.[lviii]

Lo dicho cobra mayor importancia cuando se sabe que, debido a factores genéticos y sociales, el coeficiente intelectual de la raza humana ha estado en franca decadencia. Dicha decadencia intelectual ha sido tan marcada que, por ejemplo, «los atenienses del año 1000 AC serían más *brillantes e intelectuales* que nosotros.»[lix]

Sobre los asuntos genéticos que han provocado un notable declive en el coeficiente intelectual de la raza humana debo mencionar que un estudio, realizado por doctores de la *Universidad de Stanford* (en EUA), demostró que «la mutación genética durante los pasados milenios está causando un decremento en la habilidad mental y emocional» del ser humano.[lx]

V. Tiempo para oírte

Cuando una persona comprende la importancia que tiene la soledad y el silencio, en especial durante el tiempo libre, hace todo lo posible para conseguirlos. Por lo regular, la gente comprende lo anterior cuando ha desperdiciado una enorme porción de su vida compartiendo con otros tarugos en la nefasta y destructiva vida de sociedad.

Son múltiples los beneficios que brindan la soledad y el silencio. Pero, según mi criterio, el más importante de todos es que por medio de la soledad y el silencio uno tiene el tiempo libre para estar con uno mismo y, sobre todo, para poder decir, aunque sea por varias horas al día, que uno es dueño de sí mismo. Por eso el maestro **Leonardo da Vinci** está en la correcto cuando dice, en lo pertinente, que «si estás solo serás todo tuyo, y si estás acompañado por una sola persona serás medio tuyo.»[lxi]

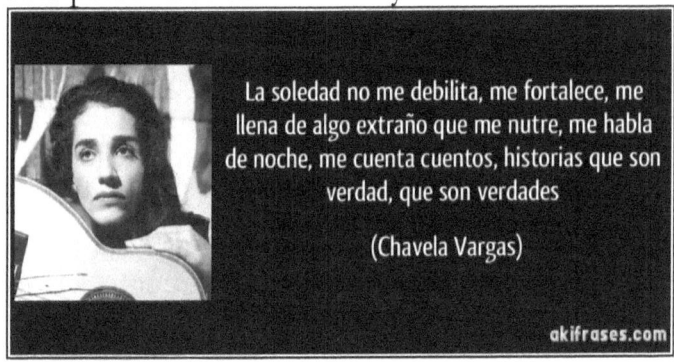

Basado en eso, que puede ser chocante para algunos extrovertidos, creo que si uno utiliza el tiempo libre, que regularmente es poco si se toma en cuenta que tenemos que dormir y trabajar para sobrevivir, para estar con hijos, parejas y amigos uno no hace más que derrochar el tiempo libre. Y por eso creo, además, que hijos y parejas no son más que unas pesadas cadenas que, diariamente, nos roban la vida, la energía y la concentración.

Inclusive, me atrevo a decir que si uno continuamente utiliza el poco tiempo libre para beneficiar a otras personas, aunque sean familiares, uno no es más que un esclavo que, posiblemente, lo único que dejará al morir sean cenizas. Por eso está en lo correcto el Dr. Friedrich Wilhelm Nietzsche, el gran maestro alemán de la filosofía, cuando dice que «quien no dispone de dos tercios del día para sí mismo es un esclavo.»[lxii]

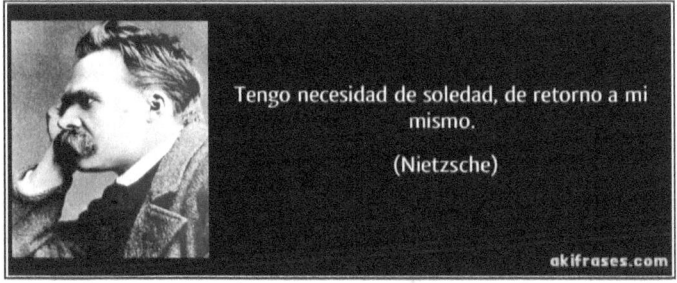

Como puede ver, es necesario hacer todo lo que sea posible para estar en soledad diariamente. Para lograr eso, lo primero que se debe hacer es comenzar a pensar que los ratos de soledad diaria son tan importantes como los ratos que utilizamos para comer y bañarnos.

También es necesario comenzar a pensar que, dentro de la soledad y el «silencio está el conocimiento.»[lxiii] En especial dentro de este ruidoso y perverso mundo en donde, para perjuicio de la concentración, los necios no deja de hacer ruido por medio de necedades.

Ahora debo mencionale, después de haberle dicho que «la soledad es una disciplina importante en un mundo ajetreado» y ruidoso,[lxiv] que de todo el conocimiento que uno puede adquirir por medio del silencio y de una soledad atareada y fructífera está, maravillosamente, el conocimiento de uno mismo. Recuerde que cuando estamos en silencio y en soledad, les permitimos a nuestros pensamientos aflorar con facilidad y, sobre todo, con fuerza.

Eso es bueno ya que, al oír nuestros propios pensamientos con fuerza podemos analizar tales pensamientos y, como beneficio de ello, tener una clara idea sobre la calidad y veracidad de nuestros pensamientos. Y si tomamos la decisión de escribir (a mano) los pensamientos que tenemos en silencio y soledad, podemos hacer registros sobre ellos o, mejor todavía, escribir libros basados en tales pensamientos.

Lo mencionado me ha hecho recordar, con gran placer, al maestro Jorge Luis Borges. Digo eso ya que el maestro Borges, que adoraba y protegía sus ratos de soledad, tenía la costumbre de pasar largos ratos en soledad matutina en la bañera de su hogar. Borges realizaba eso ya que, conociendo sobre los beneficios de la soledad, utilizaba tales ratos de soledad para oír su voz interior y, sobre todo, para reflexionar, meditar y decidir «si lo que había soñado la noche anterior le podría servir para una historia o un poema.»[lxv]

Cabe mencionar, que lo antes sugerido puede ser más interesante y fructífero. Digo eso ya que toda persona que reconozca que sólo puede oírse cuando está callada y en soledad,[lxvi] al igual que han hecho muchas personas, puede: (1) desarrollar sus propios pensamientos; (2) poner a prueba sus propios pensamientos; (3) reflexionar con profundidad sobre su vida y sobre lo que esté ocurriendo a su alrededor; y (4) maravillarse al releer tiempo después los pensamientos que fueron escritos.

Lo dicho me ha hecho pensar en Peter Finlay, un escritor que nació en Australia y que –en 2003– ganó el Premio Booker. Digo eso ya que Finlay, que escribe bajo el seudónimo de DBC Pierre, encontró en la soledad y en la escritura una buena forma: (1) para reflexionar sobre su vida; (2) para oír su propia voz interior; (3) para organizar su pensamiento; (4) para analizar lo que estaba ocurriendo a su alrededor; y (5) para desahogarse.

De hecho, se sabe que Finlay –que no tenía experiencia literaria– utilizó la soledad y la escritura para realizar una profunda «catarsis *con su vida y con su pasado,* donde había habido drogas, líos con la justicia, desempleo y ausencia de un rumbo definido.»[lxvii]

Cabe mencionar que Finlay, como resultado de todo lo anterior:[lxviii] (1) escribió un libro titulado «Vernon God Little»; (2) aumentó la cantidad de horas diarias para reflexionar y escribir mientras estaba en silencio y soledad; y (3) escribió y logró publicar un segundo libro titulado «Ludmila's Broken English.»

Dicho eso, ahora te voy a decir que uno puede *utilizar la soledad* para (provechosamente) tener conversaciones en voz alta con uno mismo. Eso significa que, en caso que te guste escuchar tu propia voz, no es necesario estar todo el tiempo en silencio para sacarle el mayor provecho a los indispensables ratos de soledad.

> La soledad ofrece al hombre colocado a gran altura intelectual una doble ventaja: estar consigo mismo y no estar con los demás
>
> (Arthur Schopenhauer)

Debes saber que hablar en voz alta con uno mismo, a diferencia de la creencia popular, es una deseable y fructífera conducta. De hecho, la ciencia ha demostrado que hablar en voz alta con uno mismo ayuda: (1) a reafirmar *los pensamientos;* y (2) a grabar los pensamientos «con mayor fuerza en nuestra memoria u *ordenarlos personalmente* antes de transmitirlos.»[lxix]

Sé, debido a lo antes mencionado, que pudieras pensar que hablar en voz alta con uno mismo cuando se esté en soledad es cosa de locos. No te culpo si piensas de esa manera, puesto que es altamente probable que tu cerebro esté lleno de embustes, mitos, quimeras y necedades que son típicas en los cerebros de los individuos entontecidos.

Es por eso que, en aras de sacarte de la necedad, te digo que abundan los estudios y análisis científicos que demuestran que «hablar solo no es (...) una conducta patológica.» De hecho, hablar solo cuando se está en soledad, además de los beneficios antes mencionados, «nos ayuda a enfocarnos en una tarea.»[lxx]

Ahora bien, a pesar de los enormes beneficios te recomiendo que debes hablar en voz alta cuando estés en soledad. Recuerda que vives dentro de un contaminado y absurdo planeta en donde los necios y masificados han logrado: (1) establecer un sinnúmero de reglas de comportamiento social; y (2) convertir en realidad un sinnúmero de embustes y mitos.

Es por eso que, te repito, los tarugos –*que adoran embrutecerse y masificarse*– establecieron una absurda presunción social que, irracionalmente, establece que toda persona que hable en voz alta mientras esté en sociedad –aunque tenga un elevado coeficiente intelectual– está dizque loca.

En fin, recuerda que una de las mayores desgracias de la vida es tener que ser parte de una sociedad en donde la mayoría de la gente: (1) no esté interesada en informarse sobre asuntos científicos; (2) no desee utilizar la soledad para desarrollar un pensamiento crítico de alta calidad; y (3) no desee saber sobre los *descubrimientos y análisis científicos* que destruyan sus absurdas creencias.

Por eso es que los tarugos que atolondran y persuaden, que entre ellos hay algunos de tus amigos y compañeros de trabajo, piensan que hablar solo es una conducta extraña que debe ser asociada con «patologías mentales graves.»[lxxi]

Por penúltimo, debes haber notado que dije líneas arriba que uno debe escribir a mano los pensamientos que se tengan cuando, ya sea en silencio o hablando solo, se esté en soledad. Pues bien, debes saber que realicé esa recomendación ya que *la ciencia* ha demostrado, en lo pertinente, que escribir a mano mejora los procesos mentales ya que mantiene «el cerebro activo con procesos relevantes para ejercitar las habilidades mentales.»[lxxii]

Por último, debes haber notado que te dije que la soledad es buena para oírte y conocerte mejor. Pues bien, tengo que decir que lo dicho ha dejado de ser un asunto filosófico y ha pasado a ser una comprobación científicamente validada.

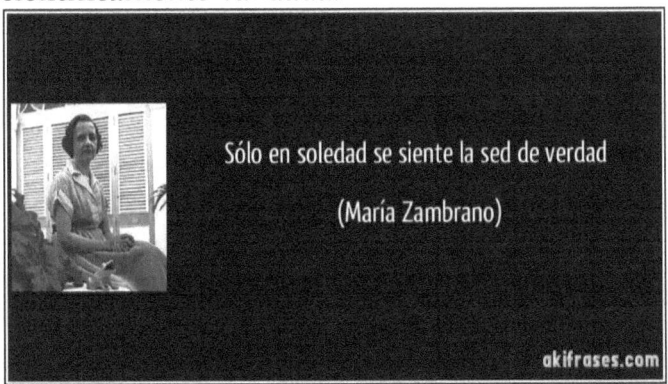

Clara prueba sobre ello proviene desde las oficinas de la *Asociación Colombiana de Sociedades Científicas*. Digo eso ya que un análisis realizado por dicha asociación demostró que la soledad es necesaria y positiva ya que, entre otros beneficios, «nos permite descubrirnos y darnos cuenta de quiénes somos y qué queremos.»[lxxiii]

VI. Mejora el análisis de la realidad

Los introvertidos y solitarios que adoran leer (lecturas valiosas) y reflexionar, al igual que los académicos y filósofos, saben que los medios de comunicación «modifican nuestra manera de pensar y de actuar.»[lxxiv] Pues bien, con esa información en mente tengo que reconocer, con gran tristeza, que *los medios de comunicación* han masificado y embrutecido al ser humano.

Por eso uno puede ver que el ser humano promedio, que adora *el bochinche y el hedonismo,* «siente, decide, obra, piensa y expresa como todo el mundo.»[lxxv] A eso se añade que el ser humano masificado es, por decir lo menos, una indeseable bestia social que busca que otras personas también se embrutezcan y masifiquen.

Cabe mencionar que, una de las más graves tragedias de la masificación humana es que el humano masificado ha impuesto por doquier: (1) sus creencias; y (2) sus *absurdas interpretaciones de la realidad.* Eso ha provocado que la mayoría de la raza humana, que le da más credibilidad a lo que digan las estrellas del espectáculo que a lo que digan los filósofos más respetables, haga análisis vagos e irreales a la hora de analizar la realidad. Y más triste es que, la mayoría de la raza humana actúa en base a tales interpretaciones.

Dicho eso, sé que algunas personas creen que la red de Internet es una buena herramienta para lidiar con la masificación. También sé que esa creencia está basada en la inocente creencia de que los cibernautas, mientras son espiados por agencias de seguridad nacional, pueden leer informaciones intelectualmente valiosas (como tesis, monografías y resultados de estudios) que han sido colocados en la mencionada red.

Sobre eso, tengo que decir que la red de Internet no ha sido de mucha ayuda para minimizar la masificación y el embrutecimiento de la raza humana. Inclusive, un análisis profundo de lo mencionado revela que la red de Internet no ha hecho más que globalizar la masificación y el embrutecimiento. La prueba innegable de ello es que la red de Internet, en donde abunda la necedad y la bazofia, se ha especializado en crear «seres uniformes, iguales entre sí en sus anhelos, sus conceptos y su programa de vida.»[lxxxvi]

Debo mencionar, después de haber escrito lo anterior, que la soledad atareada, como la que se utiliza para leer y analizar materiales intelectualmente valiosos, «es buena para reflexionar [...].»[lxxxvii] Además, esa soledad es adecuada para desarrollar un pensamiento crítico y, como beneficio de ello, para tener una mejor comprensión de la realidad.

Cabe mencionar que uno de los grandes beneficios de utilizar la soledad para aprender y tener un mejor análisis de la realidad y del mundo que nos rodea es que, uno termina sorprendiéndose de todos los asuntos que se le esconden a los seres masificados que lo único que desean es pasar por la vida sin dejar ningún tipo de huella notable.

Debes saber que dije que hay asuntos que se le esconden a los seres masificados ya que, además de las advertencias de los filósofos, los capitalistas y políticos más sagaces desean, ahora más que nunca, mantener el pensamiento de la gente «lejos de la realidad.» Y para hacer eso han estado utilizando sus modernas y potentes *armas de masificación y embrutecimiento masivo,* entre ellas la televisión y la Internet chatarra, para masificar y privar a la gente «del juicio propio, proveyéndole (...) todo un espectáculo exterior para mirar y adquirir.»[lxxviii]

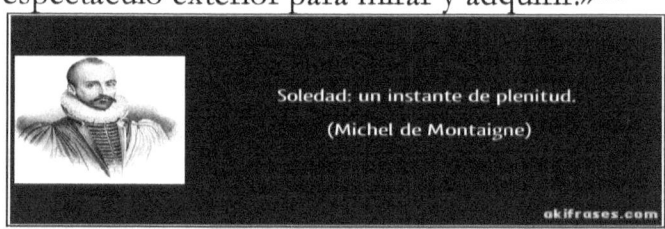

Por eso es que las personas que adoran la soledad para *estudiar y desarrollar un pensamiento crítico,* además de ser cuidadosas a la hora de ver televisión y páginas de Internet, se han dado cuenta, al analizar lo que los vulgares dicen que es la vida normal, que los bienes muebles –entre ellos bienes costosos y lujosos– «han pasado a ser los verdaderos dueños de la vida, los amos a los que *los seres humanos* sirven para asegurar la producción que enriquece a los propietarios de las máquinas y las industrias que fabrican aquellas mercancías.»[lxxix]

Otro dato que uno aprende al utilizar la soledad que brinda el tiempo libre para, por medio de lecturas intelectualmente *enriquecedoras*, tener una mejor comprensión de la realidad, es el que demuestra que la mayoría de los países se han convertido en unos Estados-corporativos en donde ricos y poderosos capitalistas, por medio del voto de los tarugos y del dinero de los amigos, asumen el control de los Estados a fin de beneficiar a sus empresas, amigos, socios y compañeros del *club de los millonarios capitalistas.*

Por eso es que las personas que tiene un excelente pensamiento crítico gracias a las horas que invierten para leer y estar en soledad saben, a diferencia de los tarugos que derrochan miles de horas de vida para ver por televisión concursos de belleza y espectáculos de chatarra artistas, que todo Gobierno, «sea de derechas o de izquierdas», sigue una «misma política» que ha sido «decidida por grupos de banqueros y burócratas.»[lxxx]

Otra realidad que uno descubre al utilizar la soledad que brinda el tiempo libre para, por medio de reflexiones y lecturas intelectualmente enriquecedoras, tener una mejor comprensión del mundo que nos rodea es que, la vida social *–también llamada la vida de sociedad–* no brinda placeres y es insípida. Puesto que la soledad, por ser «da escuela de la virtud» y por ser la única que «derrama las semillas de la sabiduría», «es la única que puede dar *verdaderos placeres.*»[lxxxi]

Como consecuencia de eso uno también termina aprendiendo que la vida de sociedad o vida social, en donde la gente adora *ídolos de humo y desecho,* es entorpecedora, peligrosa, destructiva, insípida y «abiertamente dominada por las influencias neoliberalizantes.»

De hecho, cuando es profundamente analizada la vida social se convierte en un desaborido lugar en donde, por haber poca inteligencia, hay mucho materialismo, *espectáculo,* vanidad, vicio, embuste, *superficialidad, ostentación,* «mercado, industria, bonos, inversiones, banca, financiamiento, *centros comerciales,* consumismo y más nada, realmente más nada.»[lxxxii]

Por eso no es extraño que los seres brillantes y ejemplares, después de análisis profundos realizados en la soledad del bosque, terminen pensando que la vida de sociedad o vida social no es más que: (1) «una continua comedia»; y (2) una insipidez. Y por eso tampoco es extraño que los tarugos y «cabezas huecas», que se pasan criticando a los felices ermitaños y a los genios solitarios, «se sientan a gusto» con esa vida de sociedad o vida social que está repleta de las mencionadas ñoñas.[lxxxiii]

Por otro lado, tengo que decir que es probable que usted haya notado que, en múltiples ocasiones, he mencionado que la soledad productiva es buena para desarrollar un buen pensamiento crítico. Pues bien, debe saber que es necesario tener un buen pensamiento crítico ya que, además de que ese tipo de pensamiento ayuda a «razonar» y «analizar profundamente» todo lo que ocurre dentro de este insignificante planeta que está lleno de embustes convertidos en realidad, ese tipo de pensamiento permite que las personas, por medio «claridad, exactitud, precisión, evidencia y equidad», vayan «más allá de las impresiones y opiniones particulares.»[lxxxiv]

Ahora bien, es necesario advertir que la mera soledad no ayuda mucho a desarrollar un *buen pensamiento crítico.* Es necesario combinar la soledad con una adecuada dieta intelectual para poder desarrollar y mantener un buen pensamiento crítico. Así, por ejemplo, es necesario utilizar la soledad para leer libros, ensayos, monografías y tesis que hayan sido escritas por pensadores profundos y veraces.

Es por eso que, para tener una buena dieta intelectual, es necesario leer y releer a Nietzsche, *Arthur Schopenhauer,* Orwell, Thomas Mann, Sigmund Freud, Ismael Leandry-Vega, Kant, Noam Chomsky, Sartre y, sobre todo, a filósofos que sean parte de la *corriente pesimista.* También es bueno leer y releer algunos libros, ensayos y artículos escritos por ganadores del prestigioso y respetable Premio Nobel.

Lo que no se debe hacer, jamás de los jamases, es perder el corto tiempo de vida leyendo libros y artículos relacionados con el corazón, la farándula y el entretenimiento. Tampoco se deben comprar ni mirar, si se quiere desarrollar y mantener un pensamiento fuerte y crítico, chatarra libros que estén relacionados con *el venenoso optimismo*. Todos esos libros de optimismo, que están hechos para personas que tienen un pensamiento *débil, superficial y deprimente,* están llenos de necedades, quimeras y material embrutecedor.

Así, por ejemplo, los patéticos libros de optimismo dicen que los seres humanos son buenos y confiables, a pesar de que hay abundante evidencia que demuestra que los seres humanos no son más que unas *bestias destructivas, embusteras, «impredecibles,* caprichosas, arbitrarias, atravesadas por multitud de sombras, medio extraviadas [e] intratables.»[lxxxv]

Llegado a este punto en la discusión, no queda más que decir que es necesario menos sociedad y más soledad productiva y educativa para, entre otros beneficios, tener una mejor comprensión de la realidad. Recuerda que es necesario alejarse de la sociedad ya que, te advierto, en la sociedad o vida social «lo que se acumula no es el talento, sino la estupidez.»[xxxvi] También te recuerdo que, durante tu tiempo libre, es necesario menos entretenimiento y más lectura y reflexión.

Recuerda que todo ser humano, a pesar de tener un brevísimo tiempo de vida dentro de este universo que tiene más de 13,800 millones de años humanos, tiene que «intentar vivir de manera veraz y destapar las falsedades de la vida cotidiana.»[xxxvii] Y para realizar eso, te repito, es necesario que agarres los libros y sueltes los televisores, los juegos electrónicos (incluyendo los juegos de Facebook) y todas esas porquerías electrónicas *(incluyendo la Internet chatarra):* (1) que embrutecen tu mente; y (2) que te chupan tu única vida.

Capítulo tres
Distintos tipos de soledad

I. El afortunado y solitario creador

Es bien conocido que «la gran masa piensa muy poco, puesto que carece de tiempo y de práctica.»[lxxxviii] También es conocido que los grandes creadores y pensadores, a diferencia de la gran masa, utilizan la mayor parte de su tiempo para, en soledad y concentración, estar inmersos en sus actividades.

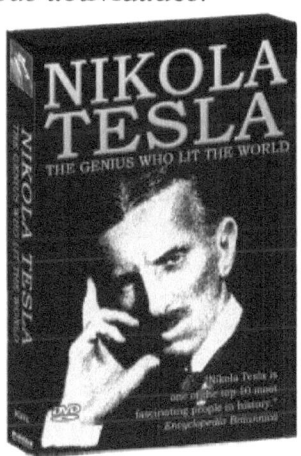

Y no pueden ser olvidados los grandes científicos, puesto que muchos de ellos adoran estar en soledad para echar hacia adelante sus experimentos, inventos y teorías.

Lo dicho me ha hecho recordar a un incansable escribidor llamado Marcial Lafuente Estefanía. Debe saber que menciono a Lafuente Estefanía ya que, gracias a la soledad atareada y a su estricta disciplina, logró escribir cerca de tres mil novelitas.

Cabe indicar que Marcial Lafuente, nacido en España, «escribió sus novelas de nobles y violentos vaqueros ambientadas siempre en el *lejano Oeste americano*, que él conoció a principios de los años 30.»[xxxix]

También recuerdo a la Dra. Marie Curie. Ello, porque la *doctora Curie* adoraba la soledad y la concentración para pasar la mayor parte del tiempo sumergida en sus experimentos, libros y escritos. De hecho, la doctora Curie adoraba tanto la soledad que desarrolló un carácter «introvertido» que le permitió, mientras los tarugos desperdiciaban la vida en puerilidades: (1) vivir una vida dedicada «completamente al estudio»; y (2) apartarse de todas esas destructivas «banalidades de la sociedad de su época.»[xc]

Es por eso que, bien analizada, la soledad del afortunado creador o científico que puede estar casi todo el día *inmerso y concentrado* en sus actividades es, indudablemente, la mejor de todas las soledades.

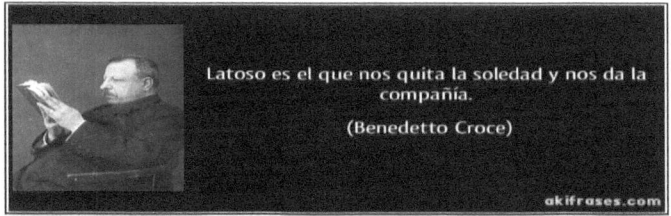

Con eso en mente, tengo que decir que la soledad de los creadores es un tema fascinante y, a la misma vez, educativo. Puesto que, a diferencia de la gran masa, uno puede ver que los creadores excepcionales: (1) establecen horarios para estar en completa soledad; (2) protegen con uñas y dientes su soledad; y (3) recomiendan estar en silencio y soledad a fin de *mejorar la creatividad y, sobre todo, la productividad.*

Cabe señalar que de todos los creadores excepcionales, que entre ellos hay compositores de música clásica, los maestros de la literatura ejemplifican muy bien lo mencionado. Digo eso ya que «escribir es una tarea muy solitaria.» Tanto que el maestro **Mario Vargas Llosa**, que tiene una disciplinada rutina de *escritura y lectura*, ha mencionado que al escribir «estás totalmente separado del resto del mundo, sumergido en tus obsesiones y recuerdos.»[xci]

Dicho eso, entiendo que es necesario plasmar dos ejemplos para que se pueda entender, de una mejor manera, lo que he dicho. El primer ejemplo está relacionado con el maestro *Julio Verne*. Utilizo al maestro Verne como ejemplo ya que él, que adoraba la soledad atareada, durante largo tiempo estableció una sorprendente rutina de trabajo para, en soledad, leer, escribir y reflexionar.

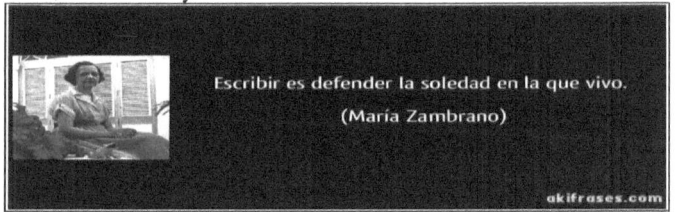

Sobre eso se sabe que el maestro Verne, para disgusto de su esposa, se levantaba a las «cinco de la mañana para escribir y pasaba las tardes leyendo en la biblioteca de la *Sociedad Industrial de Amiens,* donde anotaba sus miles de fichas de trabajo.»[xcii]

Lo más sorprendente de la rutina de trabajo, estudio y soledad del maestro Julio Verne es que, para tristeza de sus familiares, la mantuvo hasta el final de sus días y, más sorprendente todavía, siempre la protegió con todas sus fuerzas. De hecho, se sabe que la soledad, el estudio, la literatura y la escritura estaban, para el maestro *Julio Verne,* por encima de «la familia.»[xciii]

El segundo ejemplo está relacionado con ese gigante de la literatura llamado Honoré de Balzac. Utilizo al maestro Balzac como ejemplo ya que él, durante casi la totalidad de su edad adulta, estableció una sorprendente rutina de trabajo. Se sabe, sobre dicha rutina, que Balzac se encerraba en su cuarto y, en completa soledad, escribía y corregía sus obras. También se sabe que Honoré de Balzac, diariamente, utilizaba entre doce a catorce horas al día para realizar lo anterior.[xciv]

Sorprende saber, sobre lo mencionado, que Balzac mantuvo su rutina de trabajo a pesar de que amigos (entre ellos un médico) y familiares le recomendaban reducir sus largas horas de trabajo y soledad. También sorprende que el maestro Balzac mantuviera, por largo tiempo, su rutina de trabajo a pesar de estar rodeado de deudas, *órdenes de arresto,* embargos y presiones económicas.

Debo mencionar que el ejemplo de Balzac me ha hecho recordar que los *incansables creadores,* que casi siempre son incomprendidos por amigos y familiares, no sienten peso o molestia al trabajar muchas horas en total soledad. Para mentes como ésas, que están escasas hoy en día, las largas horas de trabajo en soledad no son más que agradables ratos de placer. Además, mentes como ésas saben que «la más feliz de todas las vidas es una soledad atareada.»[xcv]

Otro dato que debe saber sobre los creadores excepcionales es que, muchos de ellos no se alejan totalmente de la sociedad. Uno puede ver que muchos de esos creadores, después de utilizar gran parte del día para laborar en soledad, sacan par de horas para esparcir su mente en actividades sociales. Ahora bien, la diferencia entre *el creador excepcional* y el tarugo es que el primero meramente utiliza la vida social para ciertos propósitos, mientras que el segundo vive para y por la vida social.

Un buen ejemplo sobre lo que he mencionado en los últimos dos párrafos está relacionado con el maestro *Ludwig van Beethoven.* Digo eso ya que el maestro Beethoven, en soledad y silencio, componía obras maestras desde las seis de la mañana hasta las doce del mediodía.

Luego de eso, almorzaba y pasaba la tarde caminando. Después de sus caminatas, se metía en las tabernas a beber, leer periódicos y *hablar con amigos y conocidos*. Y si sobraba algo de tiempo, iba al teatro.[xcvi]

II. El solitario en su tiempo libre

La inmensa mayoría de los seres humanos, tenemos la obligación de desperdiciar muchísimas horas al año a fin de trabajar para ganar dinero y sobrevivir. También se sabe que la mayoría de los seres humanos, que son pobres, ganan salarios que no están acordes con las tareas que realizan.

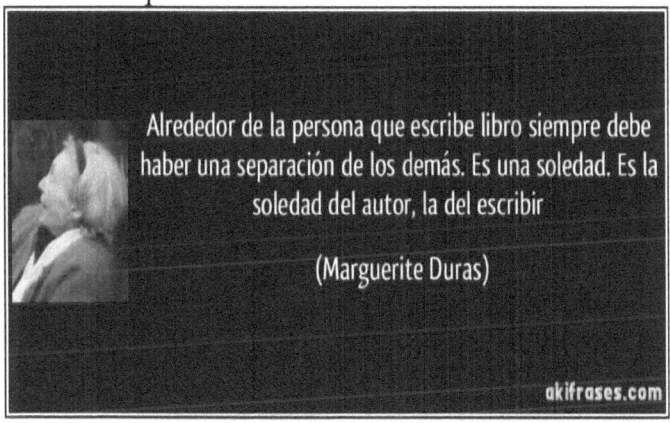

Así, por ejemplo, mientras un ejemplar recogedor de frutos gana un salario de hambre un asesor político puede llegar a ganar millones de dólares sin tener una inteligencia comparable a una persona que haya ganado *el premio Nobel*.

Abundando sobre el asunto del trabajo, todo el mundo sabe que la situación económica está tan mala en tantos países que, para detrimento del pensamiento, muchas personas han tenido que conseguir dos o tres trabajos para poder sobrevivir.

Es indudable que si usted analiza con profundidad todo lo que he mencionado, usted podrá concluir que el ser humano tiene que desperdiciar los mejores años de actividad cerebral a fin de trabajar para comer y vestirse. A dicha tragedia se suma que la mayoría de los seres humanos, tienen que desperdiciar gran cantidad de horas a la semana a fin de llegar a sus centros de trabajo. Y más trágico es el hecho de que, «*el viaje al trabajo* puede ocupar bastantes horas productivas.»[xcvii]

En fin, el punto central de lo que he mencionado es que el ser humano promedio, *por ser hijo de la necesidad,* tiene que desperdiciar gran parte de su vida: (1) preparándose para ir a laboral; (2) viajando hacia su centro de trabajo; (3) viajando desde el trabajo a su hogar; y (4) realizando labores que en nada aportan al avance de las ciencias (sociales o naturales) ni al avance de las letras. Todo eso demuestra que el ser humano promedio, tiene pocas horas libres para dedicárselas a sí mismo.

Ahora bien, a pesar de que la inmensa mayoría de los seres humanos tenemos que desperdiciar gran parte de la vida haciendo lo anterior, se puede decir que el asunto problemático está en las múltiples cadenas que dejamos que encadenen nuestro tiempo libre.

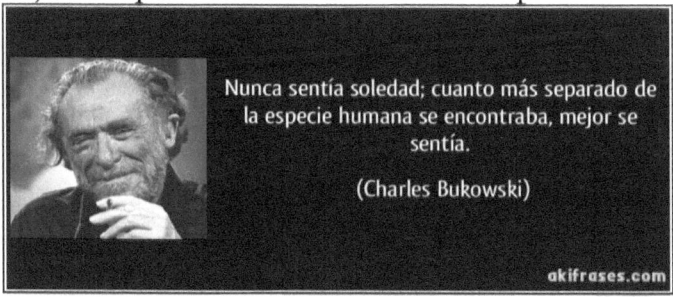

Así, por ejemplo, en vez de proteger las pocas horas libres que tenemos para realizar acciones valiosas en soledad cargamos nuestra única vida con *hijos, parejas,* deudas innecesarias, consumismo y otras necias actividades que no ayudan a que uno realice *acciones intelectualmente valiosas.*

Si lo anterior es un asunto triste, más triste es el hecho de que el ser humano, mientras está joven, ve con buenos ojos el asunto de desperdiciar el poco tiempo libre que tiene en actividades necias. Y tenga en cuenta que dije joven ya que el viejo que está cerca de morir, por lo regular, lanza una depresiva mirada al pasado y se arrepiente de todo el tiempo que perdió en necedades.

Tampoco se puede olvidar que muchos viejos, tratando de recuperar el tiempo perdido, tratan de escribir, pintar y/o esculpir cuando es demasiado tarde para realizar obras de calidad. Es decir, cuando las fuerzas intelectuales y físicas no son las mejores.

Ahora bien, debe quedar claro que no estoy diciendo que los viejos no deban realizar (o intentar realizar) obras –como pintar, escribir y esculpir– durante el ocaso de la vida. Siempre he creído que, según sus fuerzas, los viejos deben realizar acciones que nutran la mente. Lo importante es que los viejos, en especial los que desperdiciaron su juventud en actividades vulgares, estén conscientes de que no le podrán pedir a sus cerebros más de lo que, debido a su envejecido estado, puedan dar.

Es por eso que todo viejo que, a pesar de haber tenido una juventud vulgar y mundanal, desee aprovechar la vejez para realizar obras debe ser advertido, para que no se entristezca al ver *los nefastos resultados,* de que será improbable que realice obras de calidad.

Por eso no está de más decirle a los viejos que, gracias a un revelador estudio realizado por investigadores de la *Universidad Simon Fraser (en Canadá),* «el desarrollo cognitivo y motor se detiene a los 24 años y a partir de ahí comienza a disminuir.»[xcviii]

Ahora tengo que decir, después de haber dicho todo lo anterior, que tener que trabajar para vestir, comer y vivir no es una válida excusa para, vulgarmente, derrochar el corto y valioso tiempo libre en actividades que estén lejos de ser consideradas *valiosas e intelectualmente enriquecedoras.*

Digo eso ya que la sangrienta historia de la humanidad está llena de personas que aprovecharon las pocas horas libres que tenían para, en soledad y silencio: (1) realizar obras; y (2) ejecutar acciones intelectualmente valiosas (leer obras maestras es un buen ejemplo) que nutrieron (intelectualmente) sus cerebros.

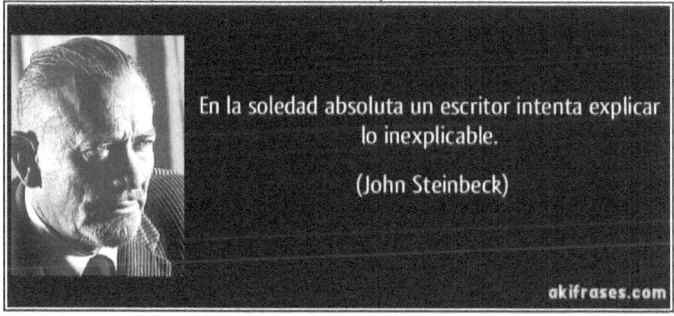

El primer ejemplo que plasmaré para sustentar lo mencionado está relacionado con un escritor llamado T. S. Eliot. Debe saber que utilizo a T. S. Eliot como ejemplo ya que él, después de sus jornadas laborales en empleos regulares (trabajó como maestro, banquero y editor de libros), utilizó muchas de sus horas libres para escribir obras maravillosas.

El segundo ejemplo que plasmaré está relacionado con un afamado y millonario escritor estadounidense llamado Stephen King. Debe saber que utilizo al maestro King como ejemplo ya que él, antes de tener fama y dinero: (1) era pobre; (2) trabajó como obrero de lavandería; y (3) trabajó como maestro de escuela. Cabe añadir que el maestro *Stephen King,* a pesar de su pobreza y de sus extenuantes jornadas laborales, siempre utilizaba las tardes y fines de semana para, en soledad, escribir formidables historias de terror.[xcix]

III. La depresiva soledad del necio

La sociedad, compuesta en su mayoría por populacheros que han sido masificados, no hace más que banalizar, idiotizar, vulgarizar y masificar a todos los niños que se deprenden del seno materno. Por eso siempre he creído que, la sociedad actual no es más que una poderosa arma de embrutecimiento masivo que perjudica la mente de los menores de edad.

Por eso no debe sorprender que un estudio realizado por investigadores de la **Universidad de Notre Dame** (ubicada en Estados Unidos de América) haya demostrado, para bochorno de los progenitores que han sido masificados, que *«las prácticas sociales y las creencias* *culturales modernas* impiden el desarrollo mental y emocional sano de los niños.»

Cabe mencionar que lo mencionado en los anteriores párrafos son unos asuntos que, aunque pueden ser chocantes para algunas personas, no deben causar gran sorpresa.

Recuerde que el ser humano actual, después de un largo período de masificación y *embrutecimiento social y familiar,* «considera normal, corriente y deseable» que todo el mundo, incluyendo los menores de edad, sea como todo el mundo.[ci]

Ahora bien, el gran problema con ese deseo de que todo el mundo sea como todo el mundo es que, para detrimento de la mente de los menores de edad, incluye el deseo de que todas las personas tengan las mismas *necias, populacheras e idiotas creencias.*

Cabe señalar que en todos los países, con *variantes y matices propios* de cada país, la sociedad está tan embrutecida e idiotizada que le hace creer a la gente, desde que son niños, que la soledad es dizque un nocivo asunto que se debe evitar a toda costa.

Por eso es que en todos los países abundan los adultos, en especial personas mayores de sesenta años de edad: (1) que le temen a la soledad; (2) que sufren muchísimo *(física y mentalmente)* si están en soledad; y (3) que no saben qué hacer con las grandes dosis de soledad que abundan dentro de sus cortas vidas.

A lo dicho se suma que el mundo está lleno de personas que, por no comprender la importancia que tiene *la soledad* y por no tolerar su aburrimiento, se pasan fastidiando a la gente que sí sabe: (1) utilizar la soledad para beneficio propio; (2) que la soledad es necesaria; (3) que «la soledad es el precio de la profundidad en la vida»[xii]; y (4) que la soledad –*en especial la soledad atareada*– puede ser utilizaba para alcanzar «libertad, control y autorrealización.»[xiii]

Por lo regular, los mencionados fastidiosos se pasan utilizando el teléfono para fastidiar y desconcentrar a la gente que adora la soledad y el silencio. También abundan los fastidiosos y aburridos que, sin invitación y con la intención de fastidiar, se presentan a los hogares de las sabias personas que adoran aprovechar la soledad y la tranquilidad. Y no olvidemos a los fastidiosos depresivos, puesto que esas personas: (1) siempre quieren que otras personas escuchen sus deprimentes situaciones personales; y (2) se especializan en fastidiar el valioso tiempo libre de la gente que adora estar en soledad.

Cabe señalar, teniendo lo anterior en mente, que la ciencia ha destrozado esa rimbombante estupidez que, constantemente repetida por los tarugos, dice que los solitarios son personas que sufren de alguna condición mental. De hecho, la ciencia ha demostrado que las personas que no saben manejar ni apreciar la soledad son, a primera vista, las que aparentar tener problemas mentales.

Por eso abundan los profesionales de la salud mental que, con estudios y análisis en sus manos, dicen que es preocupante «cuando la gente no sabe convivir con la soledad, *cuando necesita estar rodeada de alguien todo el tiempo,* llamar a alguien, sentir a alguien cerca.»[civ]

IV. En aumento la soledad

Mencioné antes que la mayoría de la raza humana ha sido embrutecida para creer que la necesaria y maravillosa soledad: (1) es perniciosa; y (2) es un «defecto.»[cv] Pues bien, la buena noticia es que cada vez hay más personas que han reconocido que fueron engañadas y, como beneficio de ello: (1) han abrazado la soledad; (2) han reconocido que *la soledad «es una virtud»*[cvi]*;* y (3) han reconocido que la soledad es un «componente indispensable para que la habilidad creativa o estratégica se transforme en innovación.»[cvii]

También ha aumentado la cantidad de personas que, reconociendo que la sociedad no es más que un vacío y tenebroso lugar que se especializa en chupar vida y tiempo, hacen todo lo posible para «comprar privacidad y espacio personal.»[cviii] Es por eso que, por ejemplo, ha aumentado la cantidad de personas que pasan sus vacaciones solas y en lugares apartados y silenciosos.

También ha aumentado la cantidad de jóvenes estudiosos que, después de haber culminado sus estudios universitarios, han tomado la decisión: (1) de vivir solos; y (2) de no procrear muchachitos.

Sobre eso de que cada vez hay más personas educadas e intelectualmente dotadas que prefieren vivir solas para poder estudiar, meditar, crear y leer, debo mencionar que es una noticia muy buena. En especial cuando se sabe que, el pensamiento profundo «ha ido perdiendo peso en *la civilización del espectáculo.*»[cix]

Ahora bien, debo señalar que no causa sorpresa que esté aumentando la cantidad de gente educada y reflexiva que, reconociendo que las críticas hacia la soledad productiva no son más que unas rimbombantes estupideces, desee vivir de la mencionada forma.

Recuerde, en primer lugar, que el ser humano reflexivo e intelectualmente dotado se da cuenta de que, para beneficio de su cerebro y tiempo, debe alejarse de la podrida sociedad. Ello, porque el mundo de hoy está devastado por *el consumismo*, el hedonismo, «el fanatismo religioso, los prejuicios raciales, el despotismo y una falta de solidaridad que hace vivir a los seres humanos en el miedo (...) y los empuja a menudo a la locura.»[cx]

Si bien uno está contento de pertenecer a una red cultural, llega un momento en que se necesita más tiempo para la reflexión. De lo contrario, ésta es superficial, demasiado rápida, sin tiempo para asimilar, criticar, sopesar. Hace falta más tiempo para ensimismarse, para reflexionar en silencio y soledad.

(Mario Bunge)

akifrases.com

Tampoco se puede pasar por alto que, el ser humano que está educado y «bien dotado intelectualmente» tiene «una necesidad más que todos los demás, la necesidad de aprender, de ver, *de estudiar, de meditar,* de experimentar...».[cxi] Y la vida de sociedad (o vida social), al igual que la constante compañía, le impide o dificulta poder realizar lo antes mencionado.

Capítulo cuatro
La maestra Corín Tellado

I. Infatigable y ejemplar creadora

Si uno quiere producir una sorprendente cantidad de obras, al igual que si uno quiere tratar de producir pocas obras de gran calidad, es necesario adoptar una rigurosa rutina de trabajo solitario y, además, realizar el trabajo en un lugar en donde la interrupción sea mínima. Ello, porque está demostrado que *«la interrupción es el enemigo de la productividad.»*[cxii]

Ahora bien, sobre el asunto de producir obras de calidad u obras maestras el asunto se torna más complicado. Ya que además de establecer una rigurosa y solitaria rutina de trabajo que esté libre de interrupciones, es necesario estar informado y, sobre todo, tener talento. Por eso es que yo, por más duras y disciplinadas que sean mis rutinas de trabajo, jamás podré escribir una obra maestra. Tengo que reconocer que, debido *a mi pobre formación*, no tengo el talento para eso.

También tengo que reconocer que, no tengo la disciplina ni la creatividad para crear una vasta obra literaria como la que fue creada por la maestra María del Socorro Tellado López, mejor conocida como Corín Tellado.

Para que tenga una idea la maestra María del Socorro Tellado López, gracias a su creatividad, disciplina, tenacidad y amor por la escritura, logró publicar unas «5,000 obras.»[xxiii] Y gracias a todo eso Tellado logró vender, a lo largo de su productiva, ejemplar e infatigable vida, cuatrocientos millones de «ejemplares de sus obras.»[xxiv]

Por eso es que la maestra Corín Tellado, además de ser «la escritora española más leída después de Cervantes»[xxv] y además de ser «la escritora más prolífica en castellano»,[cxvi] tiene todos los méritos para ser llamada maestra de la literatura. Ahora bien, su maestría dentro de la literatura está relacionada con el género popular y rosado. Por eso lo correcto es decir que María del Socorro Tellado López, a pesar de no tener el talento para ganar el premio Nobel de Literatura, es, indiscutiblemente, la «maestra del género rosa en castellano.»[xxvii]

Debo aclarar que la infatigable y ejemplar maestra Tellado no tenía el talento para ganar el premio Nobel de Literatura ya que, entre otros aspectos negativos, su estilo de escritura no tenía «especial mérito estilístico...».[cxviii]

Ahora bien, lo dicho no debe restarle méritos a la maestra Corín Tellado. Recuerde que además de su monumental obra literaria, que ha sido traducida a diferentes idiomas, la maestra *María del Socorro Tellado López* llevó entretenimiento y lectura a diferentes partes del planeta.

De hecho, nadie puede negar que gracias a María del Socorro Tellado López «cientos de miles, acaso millones de personas que jamás hubieran abierto un libro de otra manera, leyeron, fantasearon, se emocionaron y lloraron y *por un rato o unas horas* vivieron la experiencia maravillosa de la ficción.»[cxix]

Por último, debe haber notado que dije que la maestra Corín Tellado era una infatigable y ejemplar creadora. Pues bien, debe saber que dije eso ya que María del Socorro Tellado López, a diferencia de los cabezas de chorlito que (durante el tiempo de vida de Tellado) adoraban desperdiciar su única vida en nimiedades sociales, tenía una mente tan creativa y ágil que «las historias salían de su máquina infatigable como las palabras y el aliento de su boca (...). Para ella, escribir era tan fácil y natural como respirar.»[cxx]

II. Disciplinada y solitaria

María del Socorro Tellado López, mejor conocida como Corín Tellado, es un claro ejemplo de una persona que, sabiamente, decidió apartarse de la sociedad (aunque no totalmente) a fin de tener una vida ejemplar y productiva. Además, Corín Tellado ejemplifica extraordinariamente a las personas que saben que la concentración y la soledad atareada son «indispensables *para aumentar la productividad*.»[cxxi]

Inclusive, la maestra Tellado es uno de los mejores ejemplos de una laboriosa persona que, sin importarle lo que la gente dijera sobre ella, adoraba vivir para escribir, reflexionar y divertirse con sus propios pensamientos. Por eso se puede decir que Corín Tellado «no vivía de escribir sino para escribir.»[cxxii] Y por eso no sorprende que María del Socorro Tellado López haya dicho, públicamente, que sólo dejaría de escribir cuando se le cayera «la cabeza sobre la máquina.»[cxxiii]

Dicho eso, debo señalar que *María del Socorro Tellado López* demostró lo que una persona puede hacer si, sin importar las consecuencias sociales y familiares, mantiene una constante, disciplinada y rigurosa rutina de trabajo intelectual. Sobre dicha rutina de trabajo se puede decir que, además de colosal, era «estricta y laboriosa.»[cxxiv]

Digo eso ya que la maestra Tellado, que se acostaba a las diez de la noche, se levantaba a las cinco de la mañana y, después de tomar café y prepararse, escribía desde las «seis de la mañana a dos de la tarde.»[cxxv] Después de eso se alimentaba, dormía una siesta, leía periódicos y, un poco más tarde, se sentaba a corregir sus libros.[cxxvi]

Ahora bien, debo mencionar que lo más fascinante sobre la rutina de trabajo de Tellado eran algunas de sus manías. Así, por ejemplo, Corín Tellado no escribía en cualquier lugar. Ella escribía en un «cuarto claustrofóbico, sin ventanas, *atestado de anaqueles con sus novelitas...*».[xxxvii]

También se sabe que la maestra María del Socorro Tellado López tenía que encerrarse en el mencionado cuarto con café y «una cajetilla de cigarrillos mentolados Kool.»[xxxviii] Y no se puede olvidar que a la hora de teclear, María del Socorro Tellado López siempre utilizó «una máquina de escribir Hispano Olivetti.»[xxxix]

III. Menos amor y más soledad

Mencioné antes que María del Socorro Tellado López, mejor conocida como Corín Tellado, «fue un fenómeno social y cultural extraordinario. Hizo leer a gente que jamás lo hubiera hecho, personas a las que les permitió soñar.»[xxx] También mencioné que la maestra Tellado, además de tener millones de lectores, tenía «una *disciplina de trabajo indesmayable* y una fantástica capacidad de fabulación.»[xxxi]

Pues bien, ahora debe saber que *María del Socorro Tellado López* era una persona tan brillante y trabajadora que, al igual que Honoré de Balzac y Pablo Picasso, sabía que «sin una gran soledad el trabajo serio no es posible.»[xxxii] Es por eso que la maestra Tellado, sabiendo que era indispensable proteger su rutina de trabajo y su paz mental, no dudó en sacarse de encima a su gruñón esposo.

De hecho, cuando Tellado notó (a los tres años de matrimonio) que los asuntos negativos y matrimoniales dificultaban su escritura y fastidiaban la paz y soledad que necesitaba para escribir y corregir sus obras «se separó de su marido.»[xxxiii]

Otro asunto que demuestra la entereza, valentía y sabiduría de la maestra Tellado es que, los asuntos familiares y sentimentales ni impidieron ni modificaron su rutina de trabajo. Por eso sorprende que la maestra Tellado siguiera escribiendo infatigablemente a pesar de que, después de la separación de su fastidioso esposo, *mantuviera la custodia permanente de dos hijos* «que siempre vivieron con ella.»[cxxxiv]

A lo dicho se añade que Tellado, a diferencia de las tarugas que se pasan emborrachándose en los bares y bailando en discotecas, siempre mantuvo la necesidad de escribir en soledad por encima de los fastidiosos asuntos amorosos. Por eso fue Tellado, después de su separación, *no «volvió a rehacer su vida sentimental con otro hombre.»*[cxxxv] Para ella, su verdadero amor siempre fue su obra literaria. Por eso no sorprende que la maestra Tellado haya dicho que, para ella, escribir no era «un trabajo, sino un placer.»[cxxxvi]

IV. Más soledad y menos sociedad

Como ha visto, María del Socorro Tellado López era una persona sorprendente. Además de ser «la autora de la más extensa obra literaria amorosa en castellano»,[cxxxvii] era (y seguirá siendo) la escritora más infatigable y disciplinada de la literatura amorosa en castellano. Ahora bien, cabe recordar que Tellado logró cosechar éxitos *(entre ellos millones de dólares y lectores)* gracias al duro trabajo. A ella, a diferencia de las putas de los milmillonarios que logran fortuna y fama gracias a sus destrezas en la cama, nadie le dio nada.

Dicho eso, cabe recordar que *María del Socorro Tellado López* fue una persona que se dio cuenta, desde temprano, que es necesario más soledad y menos sociedad. Ahora bien, eso no significa que la escribidora Tellado no sacara tiempo para realizar actividades en sociedad. Lo que significa es que, Tellado estaba consciente de que la vida social tenía que ser breve e inteligente. Por eso fue que Tellado, en aras de mantener su titánica producción, participaba poco de la vida de sociedad.

Así, por ejemplo, se sabe que la *maestra Tellado* visitaba, en ocasiones, a sus amigas. También se sabe que la maestra Tellado, a veces, veía películas, iba de compras y cenaba en restaurantes. Ahora bien, sin importar lo que hiciera en su poca vida de sociedad la maestra Tellado, en aras de levantarse temprano a escribir, tenía que «estar de vuelta en casa y acostada antes de las 10.»[xxxviii]

Cabe señalar que las actividades sociales de Tellado eran, sabiamente, una excepción a la regla. Regularmente, Corín Tellado utilizaba el poco tiempo libre que tenía para, estando en su casa, escuchar radio, leer revistas y leer algunos libros. Se sabe que leía las obras de Cabrera

Infante, Alejandro Dumas, Gabriel García Márquez, Francisco Umbral, Mario Vargas Llosa, Miguel Delibes, Álvaro de Laiglesia, Camilo José de Cela, Pedro Mata, Honoré de Balzac, «Grosso y Marsé.»[xxxix]

En fin, María del Socorro Tellado López era una persona tan brillante, disciplinada y laboriosa que participaba poco de la vida de sociedad. Para ella la vida de sociedad no era gran cosa, ya que «su entera existencia estaba enteramente dedicada a fantasear y a escribir (mejor dicho, a teclear en su pequeña máquina de escribir portátil) las aventuras sentimentales que chisporroteaban en su cabeza.»[xl]

V. Conclusión

Usted ha visto que *María del Socorro Tellado López,* a pesar de que era una escribidora que escribía con una rapidez impresionante, «era una fabuladora nata, sin una gran formación, pero con una intuición romántica que iba al compás de los tiempos.»[xli] También vio usted que la creatividad de Corín Tellado era tan sorprendente que, al igual que el joven Balzac, «cuando terminaba una novela, en un par de días, ya había concebido la siguiente.»[xlii]

Ahora bien, lo que no he dicho es que María del Socorro Tellado López, que logró conectar «con la gente simple y llegó a un público inmenso»,[cxliii] también fue una gran maestra de la vida. Entre las muchas cosas que enseñó con su vida, está la que demuestra que son pocas las excusas que se pueden brindar para no hacer nada productivo con la vida.

Así, por ejemplo, muchos individuos dicen que no pueden escribir, pintar o esculpir ya que sus compromisos laborales y familiares se los impiden. Inclusive, por ahí hay personas que dicen que no puedan hacer nada ya que viven dentro de unos tiempos en donde «los *nuevos entornos familiares, sociales y empresariales* (...) agudizan la crisis del pensamiento creativo.»[cxliv]

Tengo que decir que lo antes dicho no son más que unas baratas excusas que, por lo regular, son manifestadas por tarugos y fuleros. Aunque es cierto que los *cachivaches tecnológicos* se especializan en alejar a la gente de la creatividad y del trabajo intelectual durante el tiempo libre, en especial cuando dichos cachivaches son utilizados para el mero *entretenimiento chatarra,* no hay excusas para sacar dos o tres horas al día para producir (o por lo menos para tratar de producir) obras que permanezcan dentro de este insignificante planeta.

Otra enseñanza que uno puede obtener de la vida de Corín Tellado es que, es necesario hacer enormes y constantes sacrificios para tratar de alcanzar (recuerde que no siempre se puede alcanzar) algún grado de éxito. Digo eso ya que María del Socorro Tellado López fue una «extraordinaria escribidora»[cxlv] que, en aras de alcanzar cierto reconocimiento en el mundo de los escribidores, *se privó de placeres, compañía y vida social.*

No está de más mencionar que Tellado, que escribía con gran «eficacia»,[cxlvi] durante los últimos años de vida reconoció su enorme sacrificio en beneficio de la literatura. Sobre eso, vea lo que dijo Tellado: «He sacrificado mi vida a la literatura. Me hice daño a mí misma.»[cxlvii]

Por último, es necesario mencionar que María del Socorro Tellado López, a pesar de no tener una gran vida social, siempre estaba al tanto de lo que estaba ocurriendo en la sociedad.

Ejemplo de ello es que la maestra Tellado dijo, acertadamente, que vivimos dentro de unos tiempos en donde, a pesar de haber «bailes, drogas y libertad» no hay muchos «lectores.» Y no se puede olvidar que María del Socorro Tellado López también mencionó, correctamente, que *es necesario leer constantemente. Ello, porque «si no se lee no hay imaginación.»*[cdviii]

Capítulo cinco
Frases y pensamientos
I. *Frases y pensamientos del autor*

La vida social, en especial en estos tiempos en donde a la gente le gusta hablar sobre los bochinches, embustes y fraudes que se dicen en los medios de comunicación, tiene un enorme potencial de *embrutecer el pensamiento humano*. Lo más triste de eso es que la funesta vida social, que es alimentada por las necedades, está provocando que los seres humanos se embrutezcan a edades cada vez más tempranas.

Por eso uno puede ver, por ejemplo, que abundan los adolescentes que están envenenados con consumismo, materialismo y espectáculo. También es preocupante saber que abundan los niños y adolescentes que, por tener progenitores y familiares embrutecidos, pasan miles de horas al año embruteciendo sus mentes por medio de toda la bazofia que se dice en radio, televisión e Internet.

Un periódico que tenga mucha publicidad y propaganda es, por decir lo menos, un negocio que –*por dinero*– censura a sus reporteros.

La libertad de prensa es, y ha sido, la mejor arma que utilizan las personas que tienen las direcciones del mundo empresarial y político para implantar y mantener sus secretas agendas. Agendas que están llenas de planes relacionados con la adquisición de riqueza y poder.

Cuando un medio de prensa escrita coloca en portada una noticia relacionada con asuntos relacionados con la farándula, como puede ser colocar en portada una información que esté relacionada con un divorcio, romance o matrimonio de un embrutecedor de mentes, eso significa que los dueños y directores de ese medio de prensa no están muy interesados en aliarse con la verdad. Dentro de todos los países hay un sinnúmero de problemas sociales que, por lo menos, *diariamente* merecen estar en la portada de un medio de prensa escrita.

Sin contar que por medio de la realización de actos como los mencionados, los dueños y directores de los medios de prensa demuestran que no tienen ningún interés en educar e ilustrar al pueblo por medio de una inteligente utilización de esa libertad llamada libertad de prensa.

Puerto Rico es un pudridero en donde casi todos los medios de comunicación, que se han convertido en instrumentos de *publicidad y propaganda,* se han convertido en colaboradores del crimen. Digo eso ya que por medio de toda esa asquerosa publicidad, que muchas veces está disfrazada de reportaje, los medios de comunicación han estado diciéndoles a las personas que no son nadie a menos que tengan dinero y, sobre todo, a menos que compren ciertos bienes lujo.

Por eso es que muchos jóvenes puertorriqueños, la inmensa mayoría pobres y desventajados, han terminado pensando que el narcotráfico es una buena vía para alcanzar el *poder adquisitivo* que los medios de comunicación les han demostrado que es el apropiado para poder ser alguien en esta pequeña mancha de mugre caribeña llamada Puerto Rico.

Todos los medios de prensa escrita deberían tener, en la portada, una advertencia que diga que dentro de sus publicaciones hay reportajes que son propaganda, publicidad o, simplemente, puras mierdas que han sido escritas por encargo y con el permiso de los editores.

Dentro de los medios de prensa, lo menos que se respeta es la libertad de prensa. Digo eso ya que es increíble ver que los medios de prensa, por depender de la publicidad y de la propaganda, están dispuestos a *(intelectualmente) prostituirse*, autocensurarse y engañar.

La tarea de todo gran maestro de la filosofía, respetuosamente llamado maestro de maestros, no es escribir largos libros ni complicados tratados que únicamente puedan ser entendidos por mentes exageradamente brillantes y estudiosas. La misión de todo gran filósofo es sumergirse dentro de lo más profundo de su pensamiento, con el fin de crear cortas máximas que puedan ser entendidas por todos y, sobre todo, que encierren enormes lecciones de vida.

Es triste ver que todos los medios se prensa, controlados por personas que adoran tener estilos de vida agradables y bienes de lujo, han puesto la libertad de prensa y la libertad de opinión de sus reporteros a la venta de los grandes, poderosos y omnipresentes intereses monetarios.

📌

Los filósofos y los físicos tienen en común una importate misión de vida, a saber, mientras los físicos hacen todo lo posible para explicar las leyes del universo por medio de cortas fórmulas matemáticas, los grandes maestros de la filosofía hacen todo lo posible para brindar enormes lecciones de vida por medio de máximas cortas y entendibles.

El filósofo meditando, de Rembrandt.

El ascetismo, por lo regular, es tenido en cuenta cuando se habla de religiones. Sin embargo, cabe mencionar que una persona puede convertirse en asceta por cuestiones intelectuales y filosóficas. Así, por ejemplo, una persona puede tomar la decisión de vivir en soledad, evitar el sexo, rechazar el consumismo, condenar el materialismo y minimizar el contacto con la sociedad para dedicarse al pensamiento y la escritura.

📌

Las personas, en especial los adultos jóvenes que están envenenados con modas y consumismo, tienen que entender que el hecho de que un libro de no ficción esté dentro de la categoría de superventas (best sellers, en inglés) no significa que dicho libro: (1) sea de gran utilidad; (2) sea de una calidad sobresaliente; ni (3) haya sido escrito con gran rigor académico.

Digo eso ya que siempre veo gente comprando libros por el simple hecho de que, gracias a la publicidad y la difusión, están en la categoría de mejor vendidos. Inclusive, he visto a muchas personas *comprando tales libros* dejándose arrastrar por la emoción y, después, no leen dichos libros. Por eso no sorprende que muchos libros que han sido denominados como superventas terminen, especialmente en países en donde el consumismo en rampante, siendo objetos de decoración.

La mente superior, que ha aprendido a minimizar sus pretensiones, desea tener tiempo y dinero para constantemente aprender y dejar huellas (libros, artículos, obras de arte, entre otras) valiosas. Mientras que *la mente inferior,* sólo quiere divertirse, follar, entretenerse y ansiar sin cesar.

Referencias

[i] **Los filósofos también lloran**. (2012). Barcelona. España.: *La Vanguardia*. Consultado el 15 de mayo de 2013, de http://www.lavanguardia.com/.
[ii] Von Bissing, R. (2009) **¡Aspirante!** Den Haag, Países Bajos.: *Semar Publishers*, pág. 106.
[iii] Wamba, F. (1997). **Soledad existencial: aspectos psicopatológicos y psicoterapéuticos**. Sevilla, España.: *Universidad de Sevilla*, pág.31.
[iv] Vea las palabras de Thomas De Quincey, escritor inglés, en: **Thomas De Quincey**. (2013). Valencia, España.: *Proverbia*. Recuperado el 18 de agosto de 2013, de http://www.proverbia.net/citasautor.asp?autor=1388.
[v] Cornachione-Larrínaga, M. (2008).**Psicología del Desarrollo**. Argentina, Latinoamérica.: *Editorial Brujas*, pág. 163.
[vi] **El poder de los introvertidos**. (2012). México, Latinoamérica: *Zócalo*. Consultado el 5 de noviembre de 2013, de http://www.zocalo.com.mx/seccion/articulo/el-poder-de-los-introvertidos.
[vii] Bloom, H. (2005). **Genios: un mosaico de cien mentes creativas y ejemplares**. Bogotá, Colombia.: *Grupo Editorial Norma*, pág.19.
[viii] **Las cinco características que cumplen todos los genios**. (2014). Madrid, España.: *El Confidencial*. Información consultada el 5 de junio de 2014, de http://www.elconfidencial.com/alma-corazon-vida/2014-01-26/las-cinco-caracteristicas-que-cumplen-todos-los-genios-sin-excepcion_76874/.
[ix] Arenas, A. (2005). **Albert Einstein**. Madrid, España.: *Edimat Libros*, pág.113.
[x] Molina, S. (2012). **Aforismos sobre el arte de vivir – Arthur Schopenhauer**. España, Unión Europea.: *Solodelibros*. Información consultada el 23 de mayo de 2013, de http://www.solodelibros.es/19/12/2012/aforismos-sobre-el-arte-de-vivir-arthur-schopenhauer/.
[xi] León, M. (2005). **Thomas Alva Edison**. Madrid, España.: *Edimat Libros*, pág.25.
[xii] **El genio que no quería un millón de dólares**. (2010). Londres, Reino Unido.: *British Broadcasting Corporation (BBC)*. Consultada el 30 de diciembre de 2013, de http://www.bbc.co.uk/mundo/cultura_sociedad/2010/03/100324_0137_premio_matematica_grigori_perelman_gm.shtml?print=1.
[xiii] **Matemático ruso fue premiado con el Millennium Prize**. (2010). Moscú, Rusia.: *Russia Today (RT)*. Consultado el 31 de diciembre de 2013, de http://actualidad.rt.com/.
[xiv] **¿Rechazado? Tal vez seas genio**. (2012). Distrito Federal, México.: *Revista Muy Interesante*. Información leída y analizada el 29 de noviembre de 2013, de http://www.muyinteresante.com.mx/.
[xv] Leslie Brokaw. (2012). **The Power of Introverts, the Power of Quiet**. Massachusetts Institute of Technology, EUA. *MIT Sloan Review*. Consultado el 27 de junio de 2014, de http://sloanreview.mit.edu/article/the-power-of-introverts-the-power-of-quiet/.
[xvi] Schopenhauer, A. (2010). **El mundo como voluntad y representación** (Tomo I). Madrid, España.: *Alianza Editorial*, pág.94. Léase, además: Diego López Donaire. (2010). **150 años de Schopenhauer: el pesimista que supo ser feliz**. Madrid, España.: *Revista Muy Interesante*. Consultado el 25 de mayo de 2013, de http://www.muyinteresante.es/; Moreno, L.F. (2010). **Filósofo para esta época**.

Madrid, España.: *El País*. Consultado el 30 de diciembre de 2012, de http://www.elpais.com/.

[xvii]Según el maestro Ludwig van Beethoven. Vea sus expresiones en: **Cuando llegan las musas recoge los hábitos y 'manías' de grandes escritores de la literatura hispana**. (2002). España, Unión Europea.: *Universidad de Granada*. Información consultada el 11 de septiembre de 2011, de http://www.ugr.es/~campus/notas/mayo02/23-musas.htm.

[xviii]Riviere, M. (2012). **El silencio y la cháchara**. Madrid, España.: *El País*. Consultado el 30 de mayo de 2014, de http://www.elpais.com/.

[xix]Von Bissing, R. (2009) **¡Aspirante!** Den Haag, Países Bajos.: *Semar Publishers*, pág. 106.

[xx]Jane Ciabattari. **Los grandes escritores que se han inspirado en la cárcel**. (2014). Londres, Reino Unido.: *British Broadcasting Corporation (BBC)*. Recuperado el 30 de mayo de 2014, de http://www.bbc.co.uk/mundo/.

[xxi]**Sí puedes estar solo**. (2011). Guaynabo, Puerto Rico.: *El Nuevo Día*. [Versión electrónica].

[xxii]Vea las palabras de Henrik Johan Ibsen, dramaturgo noruego, en: Henrik Ibsen. (1997). **Casa de muñecas**. Chile, Latinoamérica.: *Pehuén Editores*, página 127.

[xxiii]Mario Vargas Llosa. (2013). **Alumbramiento en agosto**. Madrid, España.: *El País*. Consultado el 3 de mayo de 2014, de http://www.elpais.com/.

[xxiv]Bloom, H. (2005). **Genios: un mosaico de cien mentes creativas y ejemplares**. Bogotá, Colombia.: *Grupo Editorial Norma*, pág.28. **Alicia Framis: «La performance es una manera de pensar cómo experimentar el mundo.»** (2014). Madrid, España.: *Diario ABC*. Recuperado el 30 de mayo de 2014, de http://www.abc.es/.

[xxv]Vea las palabras de Gabriel Celaya, poeta español, en: Gabriel Celaya. (1957). **Pequeña antología poética**. Montevideo, República Oriental del Uruguay: *Ediciones Mendiga*, página 34.

[xxvi]Vea las palabras de Thomas De Quincey, escritor inglés, en: **Thomas De Quincey**. (2013). Valencia, España.: *Proverbia*. Recuperado el 18 de agosto de 2013, de http://www.proverbia.net/citasautor.asp?autor=1388.

[xxvii]Schopenhauer, A. (2009). **Parerga y Paralipómena: escritos filosóficos sobre diversos temas**. Madrid, España.: *Editorial Valdemar*, pág.602.

[xxviii]Vea las palabras de Carlo Alberto Pisani Dossi, escritor y diplomático italiano, en: Claudio A. Alonso Moÿ. (2014). **La Soledad**. Argentina, Latinoamérica.: *Escuela para el Desarrollo de la Autoestima*. Información consultada el 18 de mayo de 2014, de http://www.escuelaautoestima.com.ar/soledad.htm.

[xxix]Schopenhauer, A. (2009). **Parerga y Paralipómena: escritos filosóficos sobre diversos temas**. Madrid, España.: *Editorial Valdemar*, pág.352.

[xxx]Según Pablo García Castillo, decano de la Facultad de Filosofía y Letras en la Universidad de Salamanca, en: Jorge Graterole Roa. **Pablo García Castillo: Una mirada al presente desde la filosofía**. (2013). San Juan, Puerto Rico. *Universidad de Puerto Rico, Diálogo*. Información consultada el 30 de mayo de 2014, http://www.dialogodigital.com/.

[xxxi]Según un análisis realizado por el Dr. Rodrigo Córdoba, psiquiatra y presidente de la Asociación Colombiana de Sociedades Científicas. Vea lo dicho en: **La soledad no es tan mala como la pintan**. (2014). Bogotá, Colombia.: *Diario El Tiempo*. Consultado el 9 de mayo de 2014, de http://m.eltiempo.com/vida-de-hoy/salud/la-soledad-no-es-tan-mala-como-la-pintan/9323584.

[xxxii] Rafael Méndez Bernal. (2000). **Clásicos del pensamiento universal resumidos**. Bogotá, Colombia.: *Intermedio Editores*, pág.355.
[xxxiii] Mario Vargas Llosa. (2012). **La civilización del espectáculo**. México, D.F.: *Editorial Alfaguara*, pág.24.
[xxxiv] Mario Vargas Llosa. (2012). **La civilización del espectáculo**. México, D.F.: *Editorial Alfaguara*, pág.78.
[xxxv] Según Pablo García Castillo, decano de la Facultad de Filosofía y Letras en la Universidad de Salamanca, en: Jorge Graterole Roa. **Pablo García Castillo: Una mirada al presente desde la filosofía**. (2013). San Juan, Puerto Rico. *Universidad de Puerto Rico, Diálogo*. Información consultada el 30 de mayo de 2014, http://www.dialogodigital.com/.
[xxxvi] Según Pablo García Castillo, decano de la Facultad de Filosofía y Letras en la Universidad de Salamanca, en: Jorge Graterole Roa. **Pablo García Castillo: Una mirada al presente desde la filosofía**. (2013). San Juan, Puerto Rico. *Universidad de Puerto Rico, Diálogo*. Información consultada el 30 de mayo de 2014, http://www.dialogodigital.com/.
[xxxvii] Mendoza, M.G. & Napoli, V. (1990). **Introducción a las Ciencias Sociales**. Bogotá, Colombia: *Editorial Mcgraw-Hill*, pág.11. {ISBN: 958-600-052-4}.
[xxxviii] Riviere, M. (2012). **El silencio y la cháchara**. Madrid, España.: *El País*. Consultado el 30 de mayo de 2014, de http://www.elpais.com/.
[xxxix] Vea las palabras de Edward Emily Gibbon, un historiador británico, en: Alonso-Moÿ, C. (2014). **La Soledad**. Argentina, Latinoamérica.: *Escuela para el Desarrollo de la Autoestima*. Consultada el 8 de mayo 2014, de http://www.escuelaautoestima.com.ar/soledad.htm.
[xl] Molina, S. (2012). **Aforismos sobre el arte de vivir – Arthur Schopenhauer**. Madrid, España: *Solodelibros*. Consultado el 3 de mayo de 2013, de http://www.solodelibros.es/.
[xli] Schopenhauer, A. (2009). **Parerga y Paralipómena: escritos filosóficos sobre diversos temas**. Madrid, España.: *Editorial Valdemar*, pág.354.
[xlii] Vea las palabras de Herni Dominique Lacordaire, sacerdote y predicador francés, en: **Herni Dominique Lacordaire**. (2013). Valencia, España.: *Proverbia*. Información consultada y analizada el 18 de noviembre de 2013, de http://www.proverbia.net/citasautor.asp?autor=561.
[xliii] Gabriel Arnaiz. (2013). **Gracián: El saber vivir es hoy el verdadero saber**. España, Unión Europea.: *Filosofía Hoy*. Información consultada el 23 de mayo de 2013, de http://www.filosofiahoy.es/.
[xliv] Vea las palabras de Henry David Thoreau, en: Henry David Thoreau. (2014). **Frases de soledad**. Quebec, Canadá.: *El Pensador*. Consultado el 20 de abril de 2014, de http://www.elpensador.info/autor/henry_david_thoreau/.
[xlv] **¿Desaparecerá la cultura?** (2012). Guaynabo, Puerto Rico.: *El Nuevo Día*. [Versión electrónica].
[xlvi] Caniff, P. (2006). **Pitágoras**. Madrid, España.: *Edimat Libros*, pág.12.
[xlvii] Agasso, D. (1994). **El amor es libertad**. México, Latinoamérica.: *Ediciones Paulinas*, pág. 105.
[xlviii] Carmen Angola Rossi. (2004). **Análisis de El proceso**. Bogotá, Colombia: *Panamericana Editorial*, pág.7.
[xlix] **El hombre más inteligente del mundo trabajó de «gorila»**.(2010). Madrid, España.: *Diario ABC*. Recuperado el 31 de diciembre de 2012, de http://www.abc.es/.

[li]Perris, A.N. (2005). **Isaac Newton: el misántropo genial**. Madrid, España.: *Edimat Libros*, pág.110.
[lii]**Salinger, el escritor solitario que conquistó la literatura moderna**. (2010). Chile, Latinoamérica.: *Cooperativa*. Información consultada el 28 de noviembre de 2011, de http://www.cooperativa.cl/.
[liii]**Salinger, el escritor solitario que conquistó la literatura moderna**. (2010). Chile, Latinoamérica.: *Cooperativa*. Información consultada el 11 de enero de 2011, de http://www.cooperativa.cl/. Lea, además: **Salinger cumple 90 años sumido en un profundo silencio literario**. (2009). *Diario ABC*. Madrid, España. Recuperado el 31 de diciembre de 2009, de http://www.abc.es/.
[liii]**¿Existe un genio en cada uno de nosotros?** (2011). Londres, Reino Unido.: *British Broadcasting Corporation (BBC)*. Información recuperada y analizada el 30 de agosto de 2011, de http://news.bbc.co.uk/hi/spanish/news/.
[liv]**Cómo tener una mente más despierta**. (2012). Guaynabo, Puerto Rico.: *El Nuevo Día*. Recuperado el 30 de mayo de 2013, de http://www.elnuevodia.com/.
[lv]Mario Vargas Llosa. (2012). **La civilización del espectáculo**. México, D.F.: *Editorial Alfaguara*, pág.24.
[lvi]Manrique, W. (2013). **Albert Camus: autorretrato del hombre que buscaba la felicidad**. Madrid, España.: *El País*. Consultado el 30 de diciembre de 2013, de http://www.elpais.com/.
[lvii]Vea las palabras de Arthur Schopenhauer, en: Lorraine C. Ladish. (2003). **Aprender a querer: en la confianza, la igualdad y el respeto**. España, Unión Europea.: *Ediciones Pirámide*, pág. 108.
[lviii]Caniff, P. (2006). **Pitágoras**. Madrid, España.: *Edimat Libros*, pág.22.
[lix]**¿Somos más estúpidos?** (2012). Distrito Federal, México.: *Revista Muy Interesante*. Consultado el 19 de diciembre de 2012, de http://www.muyinteresante.com.mx/.
[lx]**¿Somos más estúpidos?** (2012). Distrito Federal, México.: *Revista Muy Interesante*. Consultado el 19 de diciembre de 2012, de http://www.muyinteresante.com.mx/.
[lxi]Leonardo Da Vinci, en: **Citas y Frases Célebres de Leonardo da Vinci**. *El Reloj de Sol*. Visto el 1 de mayo de 2006, de http://www.elrelojdesol.com/leonardo-da-vinci/citas/index.htm. Vea, además: Claudio A. Alonso Moÿ. (2014). **La Soledad**. Argentina, Latinoamérica.: *Escuela para el Desarrollo de la Autoestima*. Consultado el 8 de mayo de 2014, de http://www.escuelaautoestima.com.ar/soledad.htm.
[lxii]Según Nietzsche, en: Gabriel Arnaiz. (2013). **Gracián: El saber vivir es hoy el verdadero saber**. España, Unión Europea.: *Filosofía Hoy*. Información consultada el 23 de mayo de 2013, de http://www.filosofiahoy.es/.
[lxiii]Riviere, M. (2012). **El silencio y la cháchara**. Madrid, España.: *El País*. Consultado el 30 de mayo de 2014, de http://www.elpais.com/.
[lxiv]Nouwen, H. (2003). **El camino hacia la paz**. Bogotá, Colombia.: *Editorial San Pablo*, pág. 261.
[lxv]**Cuando llegan las musas recoge los hábitos y manías de grandes escritores de la literatura hispana**. (2002). España, Unión Europea.: *Universidad de Granada*. Información consultada y analizada el 11 de noviembre de 2013, de http://www.ugr.es/~campus/notas/mayo02/23-musas.htm.
[lxvi]Vea la mencionada frase en: Claudio A. Alonso Moÿ. (2014). **La Soledad**. Argentina, Latinoamérica.: *Escuela para el Desarrollo de la Autoestima*. Consultado el 18 de mayo de 2014, de http://www.escuelaautoestima.com.ar/soledad.htm.

lxviiHernando Salazar. **DBC Pierre, escritor por accidente**. (2007). Londres, Reino Unido.: *British Broadcasting Corporation (BBC)*. Recuperado el 30 de diciembre de 2011, de http://news.bbc.co.uk/hi/spanish/news/.
lxviiiHernando Salazar. **DBC Pierre, escritor por accidente**. (2007). Londres, Reino Unido.: *British Broadcasting Corporation (BBC)*. Recuperado el 30 de diciembre de 2011, de http://news.bbc.co.uk/hi/spanish/news/.
lxixFrancisca Vargas. **Hablar solo no es sinónimo de locura**. (2012). Guaynabo, Puerto Rico.: *El Nuevo Día*. [Versión electrónica].
lxxFrancisca Vargas. **Hablar solo no es sinónimo de locura**. (2012). Guaynabo, Puerto Rico.: *El Nuevo Día*. [Versión electrónica].
lxxiFrancisca Vargas. **Hablar solo no es sinónimo de locura**. (2012). Guaynabo, Puerto Rico.: *El Nuevo Día*. [Versión electrónica].
lxxii**Escribir a mano te hace más inteligente**. (2011). Guaynabo, Puerto Rico.: *El Nuevo Día*. [Versión electrónica].
lxxiiiSegún un análisis realizado por el Dr. Rodrigo Córdoba, psiquiatra y presidente de la Asociación Colombiana de Sociedades Científicas. Vea lo dicho en: **La soledad no es tan mala como la pintan**. (2014). Bogotá, Colombia.: *Diario El Tiempo*. Consultado el 9 de mayo de 2014, de http://m.eltiempo.com/vida-de-hoy/salud/la-soledad-no-es-tan-mala-como-la-pintan/9323584.
lxxivMarshall Mcluhan dijo eso. Vea sus palabras en: Mario Vargas Llosa. (2012). **La civilización del espectáculo**. México, D.F.: *Editorial Alfaguara*, pág.209.
lxxvRafael Méndez Bernal. (2000). **Clásicos del pensamiento universal resumidos**. Bogotá, Colombia.: *Intermedio Editores*, pág.355.
lxxviRecio, E. (2000). **Pensamiento y vida: Destrezas de razonamiento lógico y crítico**. (3ed.). San Juan, Puerto Rico.: *Publicaciones Puertorriqueñas Editores*, pág.7.
lxxviiAgasso, D. (1994). **El amor es libertad**. México, Latinoamérica.: *Ediciones Paulinas*, pág. 105.
lxxviiiJose Castrodad. **Nuestra Libre Esclavitud; bendecida sea**. (2014). San Juan, Puerto Rico.: *El Vocero de Puerto Rico*. [Versión electrónica].
lxxixMario Vargas Llosa. (2012). **La civilización del espectáculo**. México, D.F.: *Editorial Alfaguara*, pág.24.
lxxx**Chomsky: Las democracias europeas llegaron al colapso total**. (2014). Moscú, Rusia.: *Russia Today (RT)*. Consultada el 13 de mayo de 2014, de http://actualidad.rt.com/.
lxxxiEdward Young. (1819). **El Sabio en la soledad, ó, Meditaciones religiosas sobre diversos asuntos** .Madrid, España.: *Oficina que fue de García*, pág. 234.
lxxxiiJose Castrodad. **Nuestra Libre Esclavitud; bendecida sea**. (2014). San Juan, Puerto Rico.: *El Vocero de Puerto Rico*. [Versión electrónica].
lxxxiiiSchopenhauer, A. (2009). **Parerga y Paralipómena: escritos filosóficos sobre diversos temas**. Madrid, España.: *Editorial Valdemar*, pág.1049.
lxxxivIleana Delgado Castro. **Pensar críticamente**. (2012). Guaynabo, Puerto Rico.: *El Nuevo Día*. Recuperado el 30 de mayo de 2013, de http://www.elnuevodia.com/.
lxxxv**Camus, el rebelde incansable**. (2013). Madrid, España.: *El País*. Consultado el 30 de diciembre de 2013, de http://www.elpais.com/.
lxxxviLea las palabras de Gustave Le Bon, en: Señor, L. (2000). **Diccionario de Citas**. (2a.ed.). Madrid, España.: *Editorial Espasa-Calpe*, pág.493.
lxxxviiGabriel Arnaiz. (2013). **Gracián: El saber vivir es hoy el verdadero saber**. España, Unión Europea.: *Filosofía Hoy*. Información consultada el 23 de mayo de 2013, de http://www.filosofiahoy.es/.

[lxxxviii]Schopenhauer, A. (2009). **Parerga y Paralipómena: escritos filosóficos sobre diversos temas**. Madrid, España.: *Editorial Valdemar*, pág.596.
[lxxxix]Armada, A. (1984). **Los tiros y el corazón, según Corín Tellado**. Madrid, España.: *El País*. Información leída, consultada y analizada el 3 de noviembre de 2013, de http://elpais.com/diario/1984/08/09/cultura/460850403_850215.html.
[xc]León, M. (2006). **Marie Curie**. Madrid, España.: *Edimat Libros*, pág.25.
[xci]Vea las palabras del Dr. Mario Vargas Llosa, en: **Palabras e ideas de Mario Vargas Llosa**. (2006, 26 de noviembre). Guaynabo, Puerto Rico.: *El Nuevo Día*. Recuperado el 30 de noviembre de 2006, de http://www.adendi.com/.
[xcii]Mayor, D. (2007). **Julio Verne: una versión**. Madrid, España.: *Edimat Libros*, pág.6.
[xciii]Mayor, D. (2007). **Julio Verne: una versión**. Madrid, España.: *Edimat Libros*, pág.5.
[xciv]Zweig, S. (2005). **Balzac: la novela de una vida**. Barcelona, España: *Editorial Paidós*, pág.160.
[xcv]Vea las palabras de Voltaire, en: **François Marie Arouet**. (2003). Asunción, Paraguay.: *Diario ABC*. Consultado el 8 de mayo de 2009, http://www.abc.com.py/articulos/franois-marie-atouet-voltaire-1694-1778-710910.html.
[xcvi]Currey, M. (2013). **Rise and shine: the daily routines of history's most creative minds**. Londres, Reino Unido.: *The Guardian*. Consultado el 7 de mayo de 2014, de http://www.theguardian.com/science/2013/oct/05/daily-rituals-creative-minds-mason-currey.
[xcvii]**Infelices por los largos viajes al trabajo**. (2014). Guaynabo, Puerto Rico.: *El Nuevo Día*. [Versión electrónica].
[xcviii]**A partir de 24 años las personas se ponen tontos y lentos**. (2014). Caguas, Puerto Rico.: *Metro*. Consultado el 25 de mayo de 2014, de http://www.metro.pr/.
[xcix]Alison Flood. **How Carrie changed Stephen King's life**. (2014). Londres, Reino Unido.: *The Guardian*. Consultado el 11 de mayo de 2014, de http://www.guardian.co.uk/.
[c]Vea los resultados del estudio realizado por investigadores de la Universidad de Notre Dame (Indiana, EE.UU.), en: **Criar un niño de forma moderna impide su desarrollo mental y emocional**. (2013). Guaynabo, Puerto Rico.: *El Nuevo Día*. [Versión electrónica].
[ci]Rafael Méndez Bernal. (2000). **Clásicos del pensamiento universal resumidos**. Bogotá, Colombia.: *Intermedio Editores*, pág.355.
[cii]González, C. (2002). **Y la mariposa dijo**. Bogotá, Colombia.: *Editorial San Pablo*, pág. 157.
[ciii]Juana Libedinsky. (2012). **Cuando la soledad es buena consejera**. Argentina, Latinoamérica.: *Diario La Nación*. Información consultada el 2 de mayo de 2014, de http://www.lanacion.com.ar/1470473-cuando-la-soledad-es-buena-consejera.
[civ]Según un análisis realizado por el Dr. Rodrigo Córdoba, psiquiatra y presidente de la Asociación Colombiana de Sociedades Científicas. Vea lo dicho en: **La soledad no es tan mala como la pintan**. (2014). Bogotá, Colombia.: *Diario El Tiempo*. Consultado el 9 de mayo de 2014, de http://m.eltiempo.com/vida-de-hoy/salud/la-soledad-no-es-tan-mala-como-la-pintan/9323584.
[cv]**La soledad no es tan mala como la pintan**. (2014). Bogotá, Colombia.: *Diario El Tiempo*. Consultado el 9 de mayo de 2014, de http://m.eltiempo.com/vida-de-hoy/salud/la-soledad-no-es-tan-mala-como-la-pintan/9323584.

[cvi]**La soledad no es tan mala como la pintan**. (2014). Bogotá, Colombia.: *Diario El Tiempo*. Consultado el 9 de mayo de 2014, de http://m.eltiempo.com/vida-de-hoy/salud/la-soledad-no-es-tan-mala-como-la-pintan/9323584.

[cvii]Boullosa, N. (2012). **La soledad, clave para innovación y productividad (estudio)**. Barcelona, España: *Faircompanies*. Consultado el 8 de mayo de 2014, de http://faircompanies.com/blogs/view/la-soledad-activa-la-productividad-e-innovacion-estudios/.

[cviii]Juana Libedinsky. (2012). **Cuando la soledad es buena consejera**. Argentina, Latinoamérica.: *Diario La Nación*. Información consultada el 2 de mayo de 2014, de http://www.lanacion.com.ar/1470473-cuando-la-soledad-es-buena-consejera.

[cix]**¿Desaparecerá la cultura?** (2012). Guaynabo, Puerto Rico.: *El Nuevo Día*. [Versión electrónica].

[cx]Mario Vargas Llosa. (2013). **Alumbramiento en agosto**. Madrid, España.: *El País*. Consultado el 3 de mayo de 2014, de http://www.elpais.com/.

[cxi]Schopenhauer, A. (2009). **Parerga y Paralipómena: escritos filosóficos sobre diversos temas**. Madrid, España.: *Editorial Valdemar*, pág.360.

[cxii]Boullosa, N. (2012). **La soledad, clave para innovación y productividad (estudio)**. Barcelona, España: *Faircompanies*. Información leída y analizada el 23 de mayo de 2013, de http://faircompanies.com/blogs/view/la-soledad-activa-la-productividad-e-innovacion-estudios/.

[cxiii]Carmen Dolores Hernández. **Corín Tellado y su fábrica de ilusiones**. (2009, abril). *El Nuevo Día*. Guaynabo, Puerto Rico. [Versión electrónica].

[cxiv]Carmen Dolores Hernández. **Corín Tellado y su fábrica de ilusiones**. (2009, abril). *El Nuevo Día*. Guaynabo, Puerto Rico. [Versión electrónica].

[cxv]Carmen Dolores Hernández. **Corín Tellado y su fábrica de ilusiones**. (2009, abril). *El Nuevo Día*. Guaynabo, Puerto Rico. [Versión electrónica]; Cuartas, J. (1986). **Corín Tellado vuelve a publicar novelas después de dos años de silencio**. Madrid, España.: *El País*. Información consultada el 23 de noviembre de 2013, de http://elpais.com/diario/1986/11/22/cultura/532998006_850215.html.

[cxvi]Cuartas, J. (2009). **Muere Corín Tellado, maestra de lo sentimental**. Madrid, España.: *El País*. Información leída y analizada el 23 de noviembre de 2013, de http://elpais.com/diario/2009/04/12/cultura/1239487203_850215.html.

[cxvii]Cuartas, J. (2009). **Corín jamás dijo te amo**. Madrid, España.: *El País*. Información leída, consultada y analizada el 23 de noviembre de 2013, de http://elpais.com/.

[cxviii]Cuartas, J. (2009). **Muere Corín Tellado, maestra de lo sentimental**. Madrid, España.: *El País*. Información leída, consultada y analizada el 23 de noviembre de 2013, de http://elpais.com/diario/2009/04/12/cultura/1239487203_850215.html.

[cxix]Vargas-Llosa, M. (2009). **La partida de la escribidora**. Madrid, España.: *El País*. Información leída, consultada y analizada el 23 de noviembre de 2013, de http://elpais.com/diario/2009/05/17/opinion/1242511212_850215.html.

[cxx]Vargas-Llosa, M. (2009). **La partida de la escribidora**. Madrid, España.: *El País*. Consultado el 30 de diciembre de 2013, de http://elpais.com/.

[cxxi]Boullosa, N. (2012). **La soledad, clave para innovación y productividad (estudio)**. Barcelona, España: *Faircompanies*. Consultado el 8 de mayo de 2013, de http://faircompanies.com/blogs/view/la-soledad-activa-la-productividad-e-innovacion-estudios/.

[cxxii]Vargas-Llosa, M. (2009). **La partida de la escribidora**. Madrid, España.: *El País*. Consultado el 30 de diciembre de 2013, de http://elpais.com/.

[cxxiii] Según la maestra Corín Tellado, en: Cuartas, J. (2009). **Muere Corín Tellado, maestra de lo sentimental**. Madrid, España.: *El País*. Consultada el 23 de mayo de 2010, de http://elpais.com/diario/2009/04/12/cultura/1239487203_850215.html.
[cxxiv] Vargas-Llosa, M. (2009). **La partida de la escribidora**. Madrid, España.: *El País*. Información leída, consultada y analizada el 23 de noviembre de 2013, de http://elpais.com/diario/2009/05/17/opinion/1242511212_850215.html.
[cxxv] Basso, D. (1990). **He escrito 4.000 libros; cada cinco días termino uno**. Madrid, España.: *El País*. Información consultada y analizada el 23 de noviembre de 2013, de http://elpais.com/diario/1990/08/11/cultura/650325607_850215.html.
[cxxvi] Cuartas, J. (2009). **Corín jamás dijo te amo**. Madrid, España.: *El País*. Consultado el 30 de diciembre de 2013, de http://elpais.com/.
[cxxvii] Vargas-Llosa, M. (2009). **La partida de la escribidora**. Madrid, España.: *El País*. Consultado el 30 de diciembre de 2013, de http://elpais.com/.
[cxxviii] Cuartas, J. (2009). **Corín jamás dijo te amo**. Madrid, España.: *El País*. Consultado el 30 de diciembre de 2013, de http://elpais.com/.
[cxxix] Cuartas, J. (2009). **Muere Corín Tellado, maestra de lo sentimental**. Madrid, España.: *El País*. Información consultada el 23 de noviembre de 2010, de http://elpais.com/diario/2009/04/12/cultura/1239487203_850215.html.
[cxxx] Llosa, M. (2009). **Un fenómeno**. Madrid, España.: *El País*. Consultado el 2 de mayo de 2013, de http://elpais.com/.
[cxxxi] Cuartas, J. (2009). **Corín jamás dijo te amo**. Madrid, España.: *El País*. Consultado el 30 de diciembre de 2013, de http://elpais.com/.
[cxxxii] Pablo Picasso dijo eso. Vea sus expresiones en: Boullosa, N. (2012). **La soledad, clave para innovación y productividad (estudio)**. Barcelona, España: *Faircompanies*. Información consultada y analizada el 28 de noviembre de 2013, de http://faircompanies.com/blogs/view/la-soledad-activa-la-productividad-e-innovacion-estudios/. Lea, además: McAfee, A. (2012). **The Surprising Benefits of Solitude**. Harvad University, EUA.: *Harvard Business School Publishing & Harvard Business Review (Blogs)*. Información consultada el 27 de noviembre de 2013, de http://blogs.hbr.org/2012/01/the-surprising-benefits-of-sol/.
[cxxxiii] Cuartas, J. (2009). **Corín jamás dijo te amo**. Madrid, España.: *El País*. Información consultada el 23 de noviembre de 2010, de http://elpais.com/.
[cxxxiv] Cuartas, J. (2009). **Muere Corín Tellado, maestra de lo sentimental**. Madrid, España.: *El País*. Información consultada el 23 de noviembre de 2010, de http://elpais.com/diario/2009/04/12/cultura/1239487203_850215.html. Lea, además: Cuartas, J. (2009). **Corín jamás dijo te amo**. Madrid, España.: *El País*. Consultado el 30 de diciembre de 2013, de http://elpais.com/.
[cxxxv] Cuartas, J. (2009). **Corín jamás dijo te amo**. Madrid, España.: *El País*. Consultado el 30 de diciembre de 2013, de http://elpais.com/.
[cxxxvi] Según Corín Tellado, **en: Corín Tellado, a Cabrera Infante: Escribir es un placer**. (1981). Madrid, España.: *El País*. Consultado el 30 de diciembre de 2011, de http://elpais.com/diario/1981/08/23/portada/367365605_850215.html.
[cxxxvii] Cuartas, J. (2009). **Corín jamás dijo te amo**. Madrid, España.: *El País*. Consultado el 30 de diciembre de 2013, de http://elpais.com/.
[cxxxviii] Vargas-Llosa, M. (2009). **La partida de la escribidora**. Madrid, España.: *El País*. Consultado el 30 de diciembre de 2013, de http://elpais.com/.
[cxxxix] Vaquero, J.M. (1981). **Corín Tellado: No me gusta el erotismo directo**. Madrid, España.: *El País*. Información consultada y analizada el 23 de noviembre de 2013, de http://elpais.com/diario/1981/09/01/cultura/368143210_850215.html.

[cxl] Vargas-Llosa, M. (2009). **La partida de la escribidora**. Madrid, España.: *El País*. Consultado el 30 de diciembre de 2013, de http://elpais.com/.

[cxli] Vargas-Llosa, M. (2009). **Un fenómeno**. Madrid, España.: *El País*. Consultado el 30 de diciembre de 2013, de http://elpais.com/.

[cxlii] Cuartas, J. (2009). **Corín jamás dijo te amo**. Madrid, España.: *El País*. Consultado el 30 de diciembre de 2013, de http://elpais.com/.

[cxliii] Vargas-Llosa, M. (2009). **Un fenómeno**. Madrid, España.: *El País*. Consultado el 30 de diciembre de 2013, de http://elpais.com/.

[cxliv] Boullosa, N. (2012). **La soledad, clave para innovación y productividad (estudio)**. Barcelona, España: *Faircompanies*. Información leída, consultada y analizada el 23 de noviembre de 2013, de http://faircompanies.com/blogs/view/la-soledad-activa-la-productividad-e-innovacion-estudios/.

[cxlv] Vargas-Llosa, M. (2009). **La partida de la escribidora**. Madrid, España.: *El País*. Información leída, consultada y analizada el 23 de noviembre de 2013, de http://elpais.com/diario/2009/05/17/opinion/1242511212_850215.html.

[cxlvi] Cuartas, J. (2009). **Muere Corín Tellado, maestra de lo sentimental**. Madrid, España.: *El País*. Información consultada el 23 de noviembre de 2010, de http://elpais.com/diario/2009/04/12/cultura/1239487203_850215.html.

[cxlvii] Según la maestra Corín Tellado, en: Cuartas, J. (2009). **Muere Corín Tellado, maestra de lo sentimental**. Madrid, España.: *El País*. Consultado el 23 de mayo de 2010, de http://elpais.com/diario/2009/04/12/cultura/1239487203_850215.html.

[cxlviii] Según Corín Tellado, en: Cuartas, J. (2002). **Corín Tellado canta las cuarenta**. Madrid, España.: *El País*. Consultado el 30 de diciembre de 2013, de http://elpais.com/diario/2002/12/21/agenda/1040425206_850215.html.

www.ingramcontent.com/pod-product-compliance
Lightning Source LLC
Chambersburg PA
CBHW030900180526
45163CB00004B/1648